建筑工程绿色施工技术与安全管理

毛同雷　孟庆华　郭宏杰◎著

吉林科学技术出版社

图书在版编目（CIP）数据

建筑工程绿色施工技术与安全管理 / 毛同雷，孟庆华，郭宏杰著. -- 长春 : 吉林科学技术出版社，2022.4

ISBN 978-7-5578-9471-9

Ⅰ. ①建… Ⅱ. ①毛… ②孟… ③郭… Ⅲ. ①建筑施工—无污染技术②建筑施工—安全管理 Ⅳ. ①TU74 ②TU714

中国版本图书馆 CIP 数据核字(2022)第 115989 号

建筑工程绿色施工技术与安全管理

著　毛同雷　孟庆华　郭宏杰
出版人　宛　霞
责任编辑　杨雪梅
封面设计　金熙腾达
制　版　金熙腾达
幅面尺寸　185mm×260mm
开　本　16
字　数　275 千字
印　张　12.25
印　数　1-1500 册
版　次　2022年4月第1版
印　次　2022年4月第1次印刷

出　版　吉林科学技术出版社
发　行　吉林科学技术出版社
地　址　长春市南关区福祉大路5788号出版大厦A座
邮　编　130118
发行部电话/传真　0431-81629529　81629530　81629531
81629532　81629533　81629534
储运部电话　0431-86059116
编辑部电话　0431-81629510
印　刷　廊坊市印艺阁数字科技有限公司

书　号　ISBN 978-7-5578-9471-9
定　价　48.00 元

前　言

建筑是人类从事各种活动的主要场所，建筑业的发展是现代经济社会发展的重要推动力量，它对拉动经济发展，促进社会进步起到了关键作用。近年来，随着建筑业的技术水平与管理能力不断提升，掀起了中国建筑工程的建设热潮，但是，建筑能耗高、能效低下的粗放型发展模式并未彻底改变，中国建筑行业弊端逐渐凸显，绿色建筑理念成为建筑业发展的必然趋势，对于中国建筑工程管理有着重要的改革作用。

以人为本和生态文明建设是中国的一项基本国策。发展绿色建筑，建设资源节约型和环境友好型社会，走可持续发展的道路体现了人民意愿和国家意志，也是人类社会的发展方向。离开建筑的绿色化本质来谈论建筑的时代已经成为过去。以绿色化生态文明为标志的绿色建筑时代正在向我们走来。传统的建筑设计理念必然被绿色建筑设计理念取而代之。

伴随着中国经济的发展和进步，各行各业也在不断更新，迅速发展。其中绿色建筑施工领域也有很大的发展，施工技术和施工管理是两个尤为重要的环节，只有把握和执行好绿色施工技术，管理好施工进程，才能够兼顾环保与质量要求，做到真正的绿色施工。本文从绿色建筑和施工的概述入手，展开介绍不同绿色施工技术在建筑施工中的运用和管理，全文层次分明，逻辑严谨，有助于提升施工企业竞争力，促进社会更加和谐地发展。

目　录

第一章 绿色建筑与绿色施工

第一节 绿色建筑的相关概述

一、绿色建筑理论的基本概念与内涵

（一）绿色建筑的基本概念

1. 基本概念

根据国家标准《绿色建筑评价标准》所给的定义，绿色建筑（Green Building）是指在建筑的全寿命周期内，最大限度地节约资源（节能、节地、节水、节材）、保护环境和减少污染，为人们提供健康、适用和高效的使用空间，与自然和谐共生的建筑。

建筑的全生命周期是指包括建筑的物料生产、规划、设计、施工、运营维护、拆除、回用和处理的全过程。

由于地域、观念、经济、技术和文化等方面的差异，目前国内外尚没有对绿色建筑的准确定义达成普遍共识。此外，由于绿色建筑所践行的是生态文明和科学发展观，其内涵和外延是极其丰富的，是随着人类文明进程不断发展的，没有穷尽的，因而追寻一个所谓世界公认的绿色建筑概念没有什么实际意义。事实上，和其他许多概念一样，人们可以从不同的时空和不同的角度来理解绿色建筑的本质特征。现实也正是如此。当然，有一些基本的内涵却是举世公认的。

2. 相近概念辨析

与绿色建筑相近的几个概念，包括“节能建筑”“智能建筑”“低碳建筑”“生态建筑”和“可持续性建筑”等。

节能建筑是指遵循气候设计和节能的基本方法，对建筑的规划分区、群体和单体、建

筑朝向、间距、太阳辐射、风向以及外部空间环境进行研究后，设计出的低能耗建筑。绿色建筑的内涵包括“四节一环保”，即节能、节地、节水、节材、环境保护，而节能建筑只强调节约能源的概念。

智能建筑是指通过将建筑物的结构、设备、服务和管理根据用户的需求进行最优化组合，从而为用户提供一个高效、舒适、便利的人性化建筑环境。智能建筑是集现代科学技术之大成的产物，其技术基础主要由现代建筑技术、现代计算机技术、现代通信技术和现代控制技术组成。智能建筑是绿色建筑重要的实施手段和方法，以智能化推进绿色建筑，节约能源、降低资源消耗和浪费。减少污染，是智能建筑发展的方向和目的，也是全面实现绿色建筑的必由之路。绿色建筑强调的是结果，智能建筑强调的是手段。在信息与网络时代，迅速发展的智能化技术为绿色建筑的发展奠定了坚实基础。

低碳建筑是指在建筑材料与设备制造、施工建造和建筑物使用的整个生命周期过程中，尽可能节约资源，最大程度地减少温室气体排放，为人们提供健康、舒适和高效的生活空间，实现建筑的可持续发展。建筑在二氧化碳排放总量中，几乎占到了50%，这一比例远远高于运输和工业领域。在发展低碳经济的道路上，建筑的“节能”和“低碳”注定将成为人们绕不开的话题。低碳建筑侧重于从减少温室气体排放的角度，强调采取一切可能的技术、方法和行为来减缓全球气候变暖的趋势。

生态建筑是根据当地的自然生态环境，运用生态学、建筑技术科学的基本原理和现代科学技术手段等，合理安排并组织建筑与其他相关因素之间的关系，使建筑和环境之间成为一个有机的结合体，同时具有良好的室内气候条件和较强的生物气候调节能力，以满足人们居住生活的环境舒适，使人、建筑与自然生态环境之间形成一个良性循环系统。因此，它是以生态原则为指针，以生态环境和自然条件为价值取向所进行的一种既能获得社会经济效益，又能促进生态环境保护的边缘生态工程和建筑形式。

可持续性建筑关注对全球生态环境、地区生态环境及自身室内外环境的影响。关注建筑本身在整个生命周期内（即从材料开采、加工运输、建造、使用维修、更新改造，直到最后拆除）各个阶段对生态环境的影响。

总之，以上几个概念相近但又有不同。

（二）绿色建筑的基本内涵

1. 节约环保

节约环保就是要求人们在构建和使用建筑物的全过程中，最大限度地节约资源（节能、节地、节水、节材）、保护环境、呵护生态和减少污染，将因人类对建筑物的构建和使用活动所造成的对地球资源与环境的负荷和影响降到最低限度，使之置于生态恢复和再造的能力范围之内。

我们通常把按节能设计标准进行设计和建造，使其在使用过程中降低能耗的建筑叫作节能建筑。这就是说，绿色建筑要求同时是节能建筑，但节能建筑不能简单地等同于绿色建筑。

2. 健康舒适

创造健康和舒适的生活与工作环境是人们构建和使用建筑物的基本要求之一。就是要为人们提供一个健康、适用和高效的活动空间。对于经受过非典 SARS 肆虐和新型冠状病毒肺炎困扰的人们来说，对拥有一个健康舒适的生存环境的渴望是不言而喻的。

3. 自然和谐

自然和谐就是要求人们在构建和使用建筑物的全过程中，亲近、关爱与呵护人与建筑物所处的自然生态环境，将认识世界、适应世界、关爱世界和改造世界，自然和谐地统一起来，做到人、建筑与自然和谐共生。只有这样，才能兼顾与协调经济效益、社会效益和环境效益，才能实现国民经济、人类社会和生态环境又好又快地可持续发展。

由于上述内涵，所以有人将绿色建筑称为环保建筑、生态建筑或可持续建筑等。国家标准《绿色建筑评价标准》正是从上述三个基本内涵出发，给出了绿色建筑的基本定义。

因此，我们所理解的绿色建筑实际上是人们构建的一种在全生命周期内最大限度地体现资源节约和环境友好，供人安居宜用的多元绿色化物性载体。绿色建筑之所以不同于传统建筑，关键在于它强调的是，建筑物不再是孤立的、静止的和单纯的建筑本体自身，而是一个全面、全程、全方位、普遍联系、运动变化和不断发展的多元绿色化物性载体，也就是将一个传统的孤立、静止、单纯和片面的建筑概念变为了一个现代的关联、动态、多元和复合的绿色建筑概念。这与传统建筑的内涵和外延都是有本质区别的。这种区别不是定义的文字游戏，而是人类对建筑本质的认识在质上的飞跃。离开了建筑的绿色化本质要求来孤立、静止和片面地讨论建筑本体自身的时代已经过去，以不注重甚至以牺牲环境、生态和可持续发展为代价的传统建筑和房地产业已经走到了尽头。

发展绿色建筑的过程在本质上是一个生态文明建设和学习实践科学发展观的过程。其目的和作用在于实现与促进人、建筑和自然三者之间高度的和谐统一；经济效益、社会效益和环境效益三者之间充分的协调一致；国民经济、人类社会和生态环境又好又快的可持续发展。

实际上，发展绿色建筑是人类社会文明进程的必然结果和要求，是人类对建筑本质认识的理性把握，是人类对建筑所持有的一种新的系统理论和主张，是一个主义，是一面旗帜。旗帜立起来了，就象征着希望，就指引着方向。我们人生的绝大部分时间是在建筑物内度过的，每个人无一例外地或多或少地与建筑有着密不可分的联系，更不用说在建筑和房地产业相关领域工作的人们了。因此，我们必须把建设资源节约型、环境友好型社会放在国家的工业化和现代化发展战略的突出位置，落实到每个单位、每个家庭。在绿色建筑这面旗帜的指引下，走生产发展、生活富裕和生态良好的文明发展建设之路，共创世世代代幸福美好的明天。

（三）绿色建筑的基本要素

在绿色建筑基本概念的基础上，分析一下绿色建筑包含的基本要素，有利于进一步了解绿色建筑的本质内涵。

1. 耐久适用

耐久适用性是对绿色建筑最基本的要求之一。耐久性是指在正常运行维护和不需要进行大修的条件下，绿色建筑物的使用寿命满足一定的设计使用年限要求，如不发生严重的风化、老化、衰减、失真、腐蚀和锈蚀等。适用性是指在正常使用条件下，绿色建筑物的功能和工作性能满足于建造时的设计年限的使用要求，如不发生影响正常使用的过大变形、过大振幅、过大裂缝、过大衰变、过大失真、过大腐蚀和过大锈蚀等；同时，也适合于一定条件下的改造使用要求，例如，根据市场需要，将自用型办公楼改造为出租型写字楼，将餐厅改造为酒吧或咖啡吧等。

即便是临时性建筑物也有这样的绿色化问题。如2008年北京奥运会临时场馆国家会议中心击剑馆，就体现了绿色建筑耐久适用的设计理念和元素。奥运会期间，它用作国际广播电视中心（IBC）、主新闻中心（MPC）、击剑馆和注册媒体接待酒店。奥运会后，它被改造为满足会议中心运营要求的国家会议中心。

2. 安全可靠

安全可靠是绿色建筑的另一基本特征，也是人们对栖息活动场所建筑物的最基本要求之一，因此也有人认为，人类建造建筑物的目的就在于寻求生存与发展的“庇护”，这也反映了人们对建筑物建造者的人性和爱心与责任感与使命感的内心诉求，更不用说经历过2008年汶川大地震劫难的人对此发自内心的呐喊——永远不要把建筑物建成一个断送人们希望与梦想的坟墓。

安全可靠的实质是崇尚生命。所谓安全可靠是指绿色建筑在正常设计、正常施工和正常运用与维护条件下能够经受各种可能出现的情况和环境条件，并对有可能发生的偶然情况和环境异变仍能保持必需的整体稳定性和工作性能，不致发生连续性的倒塌和整体失效。对安全可靠的要求贯穿于建筑生命的全过程，不仅在设计中要考虑建筑物安全可靠的方方面面，还要将其有关注意事项向与其相关的所有人员予以事先说明和告知，使建筑在其生命周期内具有良好的安全可靠性及其保障措施和条件。

绿色建筑的安全可靠性不仅是对建筑结构本体的要求，而且也是对绿色建筑作为一个多元绿色化物性载体的综合、整体和系统性的要求，同时还包括对建筑设施设备及其环境等的安全可靠性要求，如消防、安防、人防、私密性、水电和卫生等方面的安全可靠性。如2008年北京奥运会的所有场馆建设，如国家游泳中心、“水立方”等，都融入了绿色建筑安全可靠的设计理念和元素。

3. 低耗高效

低耗高效是绿色建筑的基本特征之一。这是一个全方位、全过程的低耗高效概念，是从两个不同方面来满足两型社会建设的基本要求。绿色建筑要求建筑物在设计理念、技术采用和运行管理等环节上对低耗高效予以充分的体现和反映，因地制宜和实事求是地使建筑物在采暖、空调、通风、采光、照明、用水等方面降低需求的同时高效地利用所需资源。

4. 绿色文明

绿色文明实际上就是生态文明。绿色是生态的一种典型的表现形式，文明则是实质内容。建设生态文明，基本形成节约能源资源和保护生态环境的产业结构、增长方式、消费模式已经作为中国实现全面建设小康社会奋斗目标的一项国家战略。倡导生态文明建设，不仅对中国自身发展有深远影响，而且也是中华民族面对全球日益严峻的生态环境危机向全世界所做出的庄严承诺。

生态是指生物之间以及生物与环境之间的相互关系与存在状态，亦即自然生态。自然生态有着自生自灭、新陈代谢、发展消亡和恢复再造的发展规律。人类社会认识和掌握了这些规律，把自然生态纳入人类可以适应和改造的范围之内，这就形成了人类文明。文明是人类文化发展的成果，是人类认识、适应、关爱和改造世界的物质和精神成果的总和，是人类社会进步的标志。生态文明，就是人类遵循人、社会与自然和谐发展这一客观规律而取得的物质与精神成果的总和，是以人与自然、人与人、人与社会和谐共生、良性循环、全面发展、持续繁荣为基本宗旨的文化伦理形态。

近300年的工业文明以人类“征服”自然为主要特征。世界工业化的迅速发展使得人类征服自然的文明已经发展到终极，一系列全球性生态危机正不断地显示着自然界对这种征服的不满和报复。如果人类再继续这样的“征服”，非但不是文明的表现，恰恰说明了人类的贪婪、野蛮、愚昧和无知，最终只能是人类的自毁和消亡。自然界已经反复向人类发出这样的警示，地球再也没有能力支持人类这种工业文明的继续发展了。人类必须开创一个新的文明形态来延续人类社会的文明进程，这种文明形态就是生态文明。

如果我们把农业文明称为“黄色文明”，工业文明称为“黑色文明”，那么生态文明就是“绿色文明”。因此，绿色文明注定成为绿色建筑的基本特征之一。

5. 科技先导

科技先导是绿色建筑的又一基本特征。这也是一个全面、全程和全方位的概念。绿色建筑是建筑节能、建筑环保、建筑智能化和绿色建材等一系列实用高新技术因地制宜、实事求是和经济合理的综合整体化集成，绝不是所谓的高新科技的简单堆砌和概念炒作。科技先导强调的是要将人类的科技实用成果恰到好处地应用于绿色建筑，也就是追求各种科学技术成果在最大限度地发挥自身优势的同时使绿色建筑系统作为一个综合有机整体的运行效率和效果达到最优化。我们对建筑进行绿色化程度的评价，不仅要看它运用了多少科技成果，还要看它对科技成果的综合应用程度和整体效果。

二、绿色建筑工程管理的内涵

（一）技术管理

绿色建筑建设的过程中积极运用新型建筑节能技术，构建新型建筑节能体系，把简单实用的技术很好地应用到绿色建筑中。绿色建筑的难点在于把先进适用技术在建筑中用好，这符合技术发展规律——继承和扬弃，而不是简单的替代。扬弃的含义是淘汰不合理、落后的，保留合理的。在推广新技术和开发绿色建筑过程中，均应注意这个问题。具体而言，要大力推广以下建筑节能技术。

第一，新型节能建筑体系通过提高围护结构的热阻值和密闭性，达到节约建筑物使用能耗的目的。新型节能建筑体系包括墙体、屋面保温隔热技术与产品，节能门窗和遮阳等节能技术与产品。

第二，暖通空调制冷系统调控、计量、节能技术与产品。

第三，太阳能、地热能、风能和沼气等可再生能源的开发与利用。

第四，节水器具、雨水收集和再生水综合利用等节水技术与产品。

第五，预拌砂浆、预拌混凝土、散装水泥等绿色建材技术与产品。

第六，室内空气质量控制技术与产品。

第七，垃圾分类收集和废弃产品循环利用。

第八，建筑绿色照明及智能化节能技术与产品。

（二）设计管理

1．初步设计阶段

对项目进行初步能源评估、环境评估、采光照明评估，并提出绿色建筑节能设计意见，与设计部门沟通，提出一切可能的绿色建筑节能技术策略，并协助设计部门完成高质量的绿色建筑方案的设计。

首先，进行项目的整体绿色建筑设计理念策划分析，继而进行项目目标的确认，分析项目适合采用的技术措施与实现策略；其次，通过对项目资料分析整理，明确项目施工图及相关方案的可变更范围；再次，根据设计目标及理念，完成项目初步方案、投资估算和绿色标识星级自评估；最后，向业主方提供《项目绿色建筑预评估报告》。

2．深化设计阶段

在深化设计阶段，设计方将依据业主的要求，对设计部门提交的设计文件和图纸资料进行深入细致的分析，并提出相应的审核意见，给出各个专业具体化、指标化的建筑节能设计策略。比如空调系统的选型建议、墙体保温设计、遮阳优化设计、建筑整体能耗分析和节能技术寿命周期成本分析等。

根据甲方确认的星级目标及绿色建筑星级自评估结论，确定项目所要达到的技术要求；根据项目工作计划与进度安排，完成建筑设计、机电设计、景观设计、室内设计以及其他相关专业深化设计；完成设计方案的技术经济分析，并落实采用技术的技术要点、经济分析、相关产品等；完成绿色建筑星级认证所需要完成的各项模拟分析，并提供相应的分析报告，向业主方提供《项目绿色建筑设计方案技术报告》。

3．结构设计阶段

结构设计优化方案是对结构设计的全方位管理过程的设计咨询，通过设计方案的前期介入，保证结构设计进度满足项目总体开发要求，并在保证设计质量的前提下尽量降低结构成本，提供专业建议和结构多方案比较优化建议、施工图设计建议，以及保持全过程中与施工图审查单位的沟通。结构设计优化，即在可行的所有的设计方案中找出最优方案，在保证建筑物安全、技术可行、配合并促进建筑设计的前提下，在满足有关规范所规定的安全度的条件下，利用合理的技术手段，以最低的结构经济指标完成建筑物的结构设计。在确定结构方案阶段，进行结构体系的合理选型和结构的合理布置；在初步设计阶段，要确保结构概念、结构计算和结构内力分析正确；在施工图设计阶段，要进行细部设计，确保构造措施的合理性，并尽量采用合理的施工工艺。

4. 施工图设计阶段

参与整个施工图完善修改阶段的技术指导，根据确定的设计方案，提供相关技术文件，指导施工图设计融入绿色建筑技术和细部理念；提供施工图方案修改完善建议书，并对方案进行进一步的完善和调整，对设计策略中提出的标准和指标逐一落实，以确保设计符合业主意图，并对各种实施策略完成最终的评估。

5. 设计评价标识申报阶段

按照《绿色建筑评价标准》要求，完成各项方案分析报告、协助业主完成绿色建筑设计评价标识认证的申报工作，编制和完善相关申报材料，进行现场专家答辩。与评审单位沟通交流，对评审意见及时反馈并解释。

（三）施工管理

一个工程项目从立项、规划、设计、施工、竣工验收到资料归档管理，整个流程，环环相扣，每个环节都很重要。其中，施工是将设计意图转化为实际的过程，施工过程中的任何一道工序均有可能对整个工程的质量产生致命的缺陷，因此施工管理也是绿色建筑非常重要的管理环节。

绿色施工管理可以定义为通过切实有效的管理制度和工作制度，最大限度地减少施工管理活动对环境的不利影响，减少资源与能源的消耗，实现可持续发展的施工管理技术。绿色施工管理是可持续发展思想在工程施工管理中的应用体现，是绿色施工管理技术的综合应用。绿色施工管理技术并不是独立于传统施工管理技术的全新技术，而是用“可持续”的眼光对传统施工管理技术的重新审视，是符合可持续发展战略的施工管理技术。

绿色施工管理主要包括组织管理、规划管理、实施管理、评价管理、人员安全与健康管理五个方面。组织管理就是通过建立绿色施工管理体系，制定系统完整的管理制度和绿色施工整体目标，将绿色施工的工作内容具体分解到管理体系结构中去，使参建各方在项目负责人的组织协调下各司其职地参与到绿色施工过程中，使绿色施工规范化、标准化。规划管理主要是指编制执行总体方案和独立的绿色施工方案，实质是控制实施过程，以达到设计所要求的绿色施工目标。实施管理是指绿色施工方案确定之后，在项目的实施阶段，对绿色施工方案实施过程进行策划和控制，以达到绿色施工目标。绿色施工管理体系中应建立评价体系，根据绿色施工方案评价，对绿色施工效果。人员安全与健康管理就是通过制定一些措施，改善施工人员的生活条件等来保障施工人员的职业健康。

（四）运营管理

绿色建筑运营管理是在传统物业服务的基础上进行提升，在给排水、燃气、电力、电信、保安、绿化等管理以及日常维护工作中，坚持“以人为本”和可持续发展的理念，从建筑全寿命周期出发，通过有效地应用适宜的高新技术，实现节地、节能、节水、节材和保护环境的目标。绿色建筑运营管理的内容主要包括网络管理、资源管理、改造利用以及环境管理体系。

网络管理即建立运营管理的网络平台，加强对节能、节水的管理和环境质量的监视，提高物业管理水平和服务质量，建立必要的预警机制和突发事件的应急处理系统。

资源管理包括四个方面。

第一，节能与节水管理。建立节能与节水的管理机制；实现分户、分类计量与收费；办公、商场类建筑耗电、冷热量等实行分项计量收费；节能与节水的指标达到设计要求；对绿化用水进行计量，建立并完善节水型灌溉系统。

第二，耗材管理。建立建筑和设备系统的维护制度，减少因维修带来的材料消耗；建立物业办公耗材管理制度，选用绿色材料。

第三，绿化管理。建立绿化管理制度，采用无公害、无病虫害技术，规范杀虫剂、除草剂、化肥、农药等化学药品的使用，有效地避免对土地和地下水环境的损害。

第四，垃圾管理。建筑装修及维修期间，对建筑垃圾实行容器化收集，减少或避免建筑垃圾遗撒；建立垃圾管理制度，对垃圾流向进行有效控制，防止无序倾倒和二次污染；生活垃圾分类收集、回收和资源化利用。

改造利用即通过经济技术分析，采用加固、改造延长建筑物的使用年限；通过改善建筑空间布局和空间划分，满足新增的建筑功能需求；设备、管道的设置合理、耐久性好，方便改造和更换。

环境管理体系，即加强环境管理，建立相关的环境管理体系，达到保护环境、节约资源、降低消耗、减少环保支出、改善环境质量的目的。

第二节 绿色施工的相关概述

一、绿色施工的概念

（一）绿色施工开展的背景

工业革命加速了城镇化进程，进而推动了全球建筑业的发展。当前中国正处于经济快速发展阶段，建筑行业的发展速度极快，但建筑业为人类生产、生活、发展奠定基础的同时也对环境造成了相当显著的影响，并消耗了大量的资源，工程施工活动给人们的生活环境带来了许多不利的因素，建筑施工排放了大量的污染物，给公众环境造成了巨大的压力，尤其是建筑施工直接作用于环境并产生很大程度的影响。中国建筑业的规模占到世界建筑业的一半左右，施工过程中产生的固体废弃物的种类和数量都是庞大的，城市雾霾的出现与建筑业施工中的扬尘污染有直接关系，施工噪声对人们生活的影响越来越大，这些环境问题都与当前的建筑施工密切相关，由此，需要将绿色理念引入施工中以寻求解决问题的方法。施工噪声、固体废弃物、空气污染的影响不容忽视，它们存在于施工的全过程当中。

传统施工以追求工期为主要目标，节约资源和保护环境处于从属地位，当工期与节约资源和环境保护发生冲突时，往往不惜以浪费资源（浪费设备、材料、人力）和破坏环境（严重污染、破坏地貌和植被）为代价来保证工期。显然，传统的施工模式已不能适应现代社会的要求，因此，以资源的高效利用为核心，以环保优先为原则，追求高效、低耗、环保，统筹兼顾，实现经济、社会、环保（生态）综合效益最大化的绿色施工模式应运而生，成为施工技术发展的必然趋势以及施工企业可持续发展的必然选择。

（二）绿色施工的定义

绿色一词强调的是对原生态的保护，其根本是为了实现人类生存环境的有效保护和促进经济社会的可持续发展。绿色施工要求在施工过程中，保护生态环境，关注节约与资源充分利用，全面贯彻以人为本的理念，保证建筑业的可持续发展。《建筑工程绿色施工规范》中对绿色施工的概念做了最权威的界定，绿色施工是指在保证质量、安全等基本要求的前提下，通过科学管理和技术进步，最大限度地节约资源，减少对环境的负面影响，实现节能、节材、节水、节地和环境保护（“四节一环保”）的建筑工程施工活动。

绿色施工作为建筑全寿命周期中的一个重要阶段，是实现建筑领域资源节约和节能减排的关键环节。实施绿色施工，应依据因地制宜的原则，贯彻执行国家、行业和地方相关的技术经济政策。绿色施工应是可持续发展理念在工程施工中全面应用的体现，绿色施工并不仅仅是指在工程施工中实施封闭施工，没有尘土飞扬，没有噪声扰民，在工地四周栽花、种草，实施定时洒水等这些内容，它涉及可持续发展的各个方面，如生态与环境保护、资源与能源利用、社会与经济的发展等内容。

绿色施工也不仅仅只着眼于降低施工噪声、减少施工扰民，采取防尘措施，材料进场施工时对材料的经济性、无害性进行检测，增强资源节约意识，在简单基础的层面采取节能、减排方式等方面。这些仅仅称得上绿色施工措施，与绿色施工技术相差甚远。绿色施工技术应当是技术的创新与集成的有效结合，使绿色建筑的建造、后期运营乃至拆解全过程实现充分而高效地利用自然资源，减少污染物排放。这是一项技术含量高、系统化强的“绿色工程”，是对传统绿色施工工艺的改进，是促进可持续发展的一项重要举措。

绿色施工中的“绿色”包含着节约、回收利用和循环利用的含义，是更深层次的人与自然的和谐、经济发展与环境保护的和谐。因此，实质上绿色施工已经不仅着眼于“环境保护”，而且包括“和谐发展”的深层次意义。对于“环境保护”方面，要求从工程项目的施工组织设计、施工技术、装备一直到竣工，整个系统过程都必须注重与环境的关系，都必须注重对环境的保护。“和谐发展”则包含生态和谐和人际和谐两个方面，要求注重项目的可持续性发展，注重人与自然间的生态和谐，注重人与人之间的人际和谐，如项目内部人际和谐和项目外部人际和谐。总体来说，绿色技术包括节约原料、节约能源、控制污染、以人为本，在遵循自然资源重复利用的前提下，满足生态系统周而复始的闭路循环发展需要。由此可见，绿色施工与传统施工的主要区别在于绿色施工目标要素中，要把环境和节约资源、保护资源作为主控目标之一。由此，造成了绿色施工成本的增加，企业可能面临一定的亏损压力。企业大多数在乎的是经济效益，认识不到环境保护给企业和社会带来的巨大效益，因此绿色施工有一定的经济属性。它主要表现为施工成本及收益两方面的内容。施工成本主要分为在建造过程中必须支出的建造成本和在施工过程中为了降低对环境造成较大损害而产生的额外环境成本；收益指的是建筑物在完成之后的建造收入、社会收入等多方面的收入。具有较好的环境经济效益是绿色施工得以发展的前提，这也是被社会、政府所鼓励的根本原因所在。建设单位、设计单位和施工方往往缺乏实施绿色施工的动力，因此，绿色施工各参与方的责任应该得到有效落实，相关法律基础和激励机制应进一步建立健全。

绿色施工涉及以下四方面的内容：1. 具有可持续发展思想的施工方法或技术，称为绿色施工技术或可持续施工技术。它不是独立于传统施工技术的全新技术，而是用可持续的眼光对传统施工技术的重新审视，是符合可持续发展战略的施工技术。因此，绿色施工的根本指导思想是可持续发展。2. 绿色施工是追求尽可能小的资源消耗和保护环境的工程建设生产活动，这是绿色施工区别于传统施工的根本特征。绿色施工倡导施工活动以节约资源和保护环境为前提，要求施工活动有利于经济活动的可持续发展，体现了绿色施工的本质特征。3. 绿色施工的实现途径是绿色施工技术的应用和绿色施工管理的升华，绿色施工必须依托相应的技术和组织管理手段来实现。4. 绿色施工强调的是施工过程中最大限度地减少施工活动对场地及周围环境的不利影响，严格控制噪声污染、光污染和大气污染，使污染物和废弃物排放量最小。

（三）绿色施工与绿色建筑的关系

1. 相同点

（1）目标一致——追求“绿色”，致力于减少资源消耗和环境保护；绿色建筑和绿色施工都强调节约能源和保护环境，是建筑节能的重要组成部分，强调利用科学管理、技术进步来达到节能和环保的目的。

（2）绿色施工的深入推进，对于绿色建筑的生成具有积极的促进作用。

2. 不同点

（1）时间跨度不同。绿色建筑涵盖了建筑物的整个生命周期，重点在运行阶段，而绿色施工主要针对建筑的生成阶段。

（2）实现途径不同。绿色建筑主要依赖绿色建设设计及建筑运行维护的绿色化水平来实现，而绿色施工的实现主要通过对施工过程进行绿色施工策划并加以严格实施。

（3）对象不同。绿色建筑强调的是绿色要求，针对的是建筑产品；而绿色施工强调的是施工过程的绿色特征，针对的是生产过程。这是二者最本质的区别。

节能—环保”的基础上提高室内环境质量的实体建筑产物。而绿色施工是一种在施工过程中，尽可能地减少资源消耗、能源浪费并实现对环境的保护的活动过程。二者相互密切关联，但又不是严格的包含关系，而绿色施工的建筑产品也不一定是绿色建筑。

（四）绿色施工与绿色建造的关系

目前，绿色建造是与绿色施工最容易混淆的概念。二者最大的区别在于是否包括施工图设计阶段，绿色建造是在绿色施工的基础上向前延伸，将施工图设计包括进去的一种施工组织模式。绿色建造代表了绿色施工的演变方向，而中国建筑业设计、施工分离的现状仍会持续很长时间，因此在现阶段做到绿色建造具有深刻、积极的现实意义。

（五）绿色施工与智慧工地的关系

智慧工地项目的最大特征是智慧。智慧工地是建筑业信息化与工业化融合的有效载体，强调综合运用建筑信息模型（BIM）、物联网、云计算、大数据、移动计算和智能设备等软硬件信息技术，与施工生产过程相融合，提供过程趋势预测及专家预案，实现工地施工的数字化、精细化、智慧化生产和管理；绿色施工强调的是对原生态的保护，要求在施工过程中，保护生态环境，关注节约与资源充分利用，全面贯彻以人为本的理念，保证建筑业的可持续发展。绿色施工通过科学管理和技术进步，实现节能、节材、节水、节地和环境保护（“四节一环保”）。构建智慧工地的过程中，用到了绿色施工的理念和技术，同时智慧工地在实现工地数字化、智慧化的过程中，许多方面做到了“四节一环保”，像工地的环境监测和保护与绿色施工的理念就非常契合，两者相互促进。从某种意义上说，绿色施工的概念覆盖层次面更广，内涵更丰富。

二、绿色施工的本质

推进绿色施工是施工行业实现可持续发展、保护环境、勇于承担社会责任的一种积极应对措施，是施工企业面对严峻的经营形势和严酷的环境压力时自我加压、挑战历史和引导未来工程建设模式的一种施工活动。建筑工程施工对环境的负面影响大多具有集中、持续和突发特征，其决定了施工行业推行绿色施工的迫切性和必要性，切实推进绿色施工，使施工过程真正做到“四节一环保”，对于促使环境改善，提升建筑业环境效益和社会效益具有重要意义。

绿色施工不是一句口号，亦并非一项具体技术，而是对整个施工行业提出的一个革命性的变革。把握绿色施工的本质，应从以下四个方面理解。

第一，绿色施工把保护和高效利用资源放在重要位置。施工过程是一个大量资源集中投入的过程，绿色施工应本着循环经济的“3R”原则（即减量化、再利用、再循环），在施工过程中就地取材，精细施工，以尽可能减少资源投入，同时加强资源回收利用，减少废弃物排放。

第二，绿色施工应将对环境的保护及对污染物排放的控制作为前提条件，将改善作业条件放在重要位置。施工是一种对现场周边甚至更大范围的环境有着相当大负面影响的生产活动。施工活动除了对大气和水体有一定的污染外，基坑施工对地下水影响较大，同时，还会产生大量的固体废弃物排放以及扬尘、噪声、强光等刺激感官的污染。因此，施工活动必须体现绿色特点，将保护环境和控制污染排放作为前提条件，以此来体现绿色施工的特点。

第三，绿色施工必须坚持以人为本，注重对劳动强度的减轻和作业条件的改善。施工企业应将以人为本作为基本理念，尊重和保护生命，保障工人身体健康，高度重视改善工人劳动强度高、居住和作业条件差、劳动时间偏长的情况。

第四，绿色施工必须时刻注重对技术进步的追求，把建筑工业化、信息化的推进作为重要支撑。绿色施工的意义在于创造一种对自然环境和社会环境影响相对较小，使资源高效利用的全新施工模式，绿色施工的实现需要技术进步和科技管理的支撑，特别是要把推进建筑工业化和施工信息化作为重要方向，它们对于资源的节约、环境的保护及工人作业条件的改善具有重要作用。

绿色施工在实施过程中还应做到以下四个方面：尽可能采用绿色建材和设备；节约资源、降低消耗；清洁施工过程，控制环境污染；基于绿色理念，通过科技与管理进步的方法，对设计产品（即施工图纸）所确定的工程做法、设备和用材提出优化和完善的建议意见，促使施工过程安全文明，质量得到保证，以实现建筑产品的安全性、可靠性、适用性和经济性。

建筑施工技术是指把建筑施工图纸变成建筑工程实物过程中所采用的技术。这种技术不是简单的一个具体的施工技术或者施工方法，而是包含整个施工过程在内的所有的施工工艺、施工技术和方法。随着绿色建筑的诞生以及越来越被重视，绿色施工技术应运而生。绿色施工技术是指在传统的施工技术中实现“清洁生产”和“减物质化”等的绿色施工理念，实现节约资源、减少环境污染与破坏的效果。绿色施工应落实到具体的施工过程中去，打破传统的施工工艺与方法，将技术进行创新，将多种施工进行有效集成，选择最优方案，加强施工过程的管理，减少对环境的负面影响，保证建筑物在运营阶段的低能耗，实现整个建筑物“绿色”的效果。

三、绿色施工的地位和作用

建筑工程全生命周期内包括原材料的获取、建筑材料生产与建筑构配件加工、现场施工安装、建筑物运行维护以及建筑物最终拆除处置等建筑生命的全部过程。

施工阶段是建筑全生命周期的阶段之一，属于建筑产品的物化过程。从建筑全生命周期的角度分析，绿色施工在整个建筑生命周期环境中的地位和作用表现如下。

第一，绿色施工有助于减少施工阶段的环境污染。相比于建筑产品几十年甚至几百年的运行阶段能耗总量而言，施工阶段的能耗总量并不突出，但是施工阶段能耗却较为集中，同时产生了大量的粉尘、噪声、固体废弃物、水消耗、土地占用等多种类型的环境影响，对现场和周围人们的生活和工作有更加明显的影响。施工阶段环境影响在数量上不一定是最多的阶段，但是具有类型多、影响集中、程度深的特点，是人们感受最突出的阶段，绿色施工通过控制各种环境影响，节约能源资源，能够有效地减少各类污染物的产生，减少对周围人群的负面影响，取得突出的环境效益和社会效益。

第二，绿色施工有助于改善建筑全生命周期的绿色性能。在建筑全生命周期中，规划设计阶段对建筑物整个生命周期的使用功能、环境影响和费用的影响最为深远。然而，规划设计的目标是在施工阶段落实的，施工阶段是建筑物的生成阶段，其工程质量影响着建筑运行时期的功能、成本和环境影响。绿色施工的基础质量保证，有助于延长建筑物的使用寿命，从实质上提升资源利用率。绿色施工是在保障工程安全质量的基础上强调保护环境、节约资源，其对环境的保护将带来长远的环境效益，有利于推进社会的可持续发展。施工现场建筑材料、施工机具和楼宇设备的绿色性能评价和选用绿色性能相对较好的建筑材料、施工机具和楼宇设备是绿色施工的需要，更是对绿色建筑的实现具有重要作用。可见，推进绿色施工不仅能够减少施工阶段的环境负面影响，还可以为绿色建筑的形成提供重要支撑，为社会的可持续发展提供保障。

第三，推进绿色施工是建造可持续性建筑的重要支撑。建筑在全生命周期中是否“绿色”、是否具有可持续性，是由其规划设计、工程施工和物业运行等过程是否具有绿色性能，是否具有可持续性所决定的。对于绿色建筑物的建成，首先，需要工程策划思路正确、符合可持续发展要求；其次，规划设计还必须达到绿色设计标准；最后，施工过程也要严格进行策划、实施使其达到绿色施工水平。物业运行是一个漫长的时段，必须依据可持续发展的思想进行绿色物业管理。在建筑全生命周期中，要完美地体现可持续发展思想，各环节、各阶段都需要凝聚目标，全力推进和落实绿色发展理念，通过绿色设计、绿色施工和绿色运行维护建成可持续发展的建筑。

第四，有助于企业转变发展观念。建筑企业是绿色施工的实施主体，企业往往过多地在乎经济效益与社会效益，却没有认识到环境给企业带来的巨大效益。建筑企业的组织管理以及现场管理一直比较重视工程的进度和获得的经济收益，而施工现场的污染以及材料的浪费等则没有引起关注。实际上，绿色施工最终的目标就是要使企业实现经济、社会以及环境效益三者的有机统一。开展绿色施工并不仅仅意味着高投入，从长远来看，它实则增进了建筑施工企业的综合效益。建筑施工企业应加强对绿色施工技术的应用，提高企业的施工质量，积极研发绿色施工的新技术，提升企业的创新能力。

综上所述，绿色施工的推进，不仅能有效减少施工活动对环境的负面影响，而且对提升建筑全生命周期的绿色性能也具有重要的支撑和促进作用。

第二章　绿色建材

第一节　绿色建材概述

一、绿色建材的定义及特点

（一）绿色建材的内涵

绿色建材，又称生态建材、环保建材、健康建材，是指采用清洁生产技术、少用天然资源和能源，大量使用工业或城市固态废弃物生产的无毒害、无污染、无放射性、有利于环境保护和人体健康的建筑材料。绿色建材是绿色材料的一大类，研究开发绿色建材时要考虑的内容有建材对地球臭氧层的破坏程度；掺入的废渣对环境的破坏；是否有利于保护树木和改善生态环境减少；排放的放射性物质、有害化学物质和电磁污染的影响等。因此，绿色建材在各个环节都要体现绿色概念，如原料选择、生产工艺、产品应用以及回收循环利用等。

（二）绿色建材的特点

绿色建材与传统建材相比具有如下五个方面的基本特征。

第一，绿色建材生产所用原料尽可能少用天然资源，大量使用尾矿、废渣、垃圾等废弃物。

第二，采用低能耗制造工艺和无污染环境的生产技术、生产设备。

第三，在产品配制或生产过程中不使用甲醛、卤化物溶剂或芳香族碳氢化物，产品中不含有汞及其化合物，不用含铅、铬、镉及其化合物的颜料和添加剂。

第四，产品的设计是以改善生态环境提高生活质量为宗旨。即产品应有益于人体健康，具有灭菌、防毒、除臭、隔热、抗静电等多种功能。

第五，产品可循环或回收再利用，无污染环境的废弃物。

二、绿色建筑材料的分类

（一）节约能源型室内绿色建材

传统建材能耗高的问题突出，今后绿色建材应该以节能型为主要发展方向。节能型绿色建材不仅在使用过程中降低建筑物的能耗，而且在生产过程中也节能省电。以节能环保型水泥为例，其烧成温度为1200℃，比普通水泥的烧制温度低200℃左右，这种水泥在生产环节就节约了能源，并减少了二氧化碳、二氧化硫等有害气体的释放。

（二）节约资源型室内绿色建材

节约资源型建材是指天然的可再生的材料、可回收再循环利用的材料、生产中资源消耗低的材料、质量好耐久性高的材料。对于建材生产企业来说，首先是技术攻关和加强管理，以达到节约资源的目的，比如提高产品的成品率、降低单位产品的原料消耗等。室内装饰材料中，应减少纯实木地板的使用，推广实木复合地板和强化木地板的应用，对节约木材资源有积极的作用。木地板企业加强了实木复合地板和强化木地板的技术研究工作，使这两类地板的品质得到了进一步的提高。品种和外观逐渐丰富，以满足不同人群的需求。对复合实木地板要研发高档产品，重点攻克生产三层实木复合地板的工艺技术。进一步丰富各类半成品或成品的木制品种类，如线条、门窗、饰构件等，通过工厂加工以提高木材利用率，减少施工现场木材废料的产生。装饰石材行业也是如此，中国装饰用的优质石材资源也是有限的，该类石材属于不可再生资源，因此如何提高优质石材的利用率和使用价值也值得市场企业深入研究。中国大多数石矿山的荒料率低于50%，一些知名企业的理论荒料率为50%，而实际荒料率仅30%～35%，应采用先进的技术装备和科学管理来提高石材资源的利用率。开发生产薄板石材，可将干挂石材的厚度由25mm降到10mm，并通过复合技术制作新型的复合型石材板材，从而提高优质石材的利用率，更多地实现其价值。其次，原材料替代方式也是节约资源的一种方式。在节约使用天然优良木材的同时，对速生林木和竹材的综合利用技术研发工作应加强。中国竹资源丰富，竹子生长快，是可再生性强的自然资源。加强竹地板的推广是节约木材的有效途径。节约资源型建材的开发，不仅可以充分回收利用废弃物，提高资源利用率，而且可以降低环境的污染，维护生态环境，以最低的资源和环境消耗为代价，获得持久的社会经济效益。中国作为一个资源短缺的人口大国，发展节约资源型室内绿色建材，具有特殊的经济和社会意义。

（三）有益环境型室内绿色建材

城市化进程不断加快，生产力水平不断提高，人类所处的室内外环境的问题也日益严重。由于不合格的室内装饰材料的大量采用，造成室内环境污染，影响人体健康。随着消费水平、消费观念、环境意识的提高，对室内绿色建材的需求也不断增加。人们渴求绿色健康、功能丰富的室内建材，因此对装饰建材企业提出更高的要求。室内装修以板材使用最多，生产低甲醛或无甲醛人造板材成为室内建材发展的趋势。生产低甲醛或无甲醛人造板的关键在于研发低游离甲醛含量的木材黏结剂，降低酚醛树脂胶粘剂和脲醛树脂胶粘剂中的游离甲醛含量。另一种方法是使用甲醛捕捉剂，它能使胶合板胶粘剂中的游离甲醛得以聚合或被吸收，降低板材的甲醛释放量。研发非甲醛系的板材用的木材胶粘剂，也是一种途径。研发抗菌除臭涂料、负离子释放涂料和具有活性吸附功能、可分解有机物的涂料，以达到净化生活环境及改善空气质量，从而有利于人类健康的目的。

随着人们对室内建材环保要求的提高，污染环境、有害于人体健康的室内建材必将被市场所淘汰，环保产品将成为市场的主流。

三、中国发展绿色建材的必要性

（一）绿色建材发展前景广阔

1. 绿色消费成为时尚

在全球环境保护、维护生态浪潮的冲击下，21 世纪绿色消费正在成为时尚。许多国家已经做出了明文规定，凡无“绿色标志”的商品，在进口时要受到数量和价格方面的限制，这就是国际贸易中新兴的“绿色壁垒”。中国加入了 WTO，这无疑为中国建材制品进入世界大市场创造了条件。同时，也面临着严峻的挑战，可以说机遇与挑战同在。

2. 绿色建材需求量巨大

世界人口飞速增长，解决众多人口的居住问题，并且要达到安全舒适有利于健康，是一项十分重要而艰巨的任务，完成这一任务的基础是大力发展绿色建材。可见，室内装修已成为家庭和公共场所投资的热点，装修热将成为一个相当时期潜在的巨大市场，这无疑为绿色建材的发展提供了千载难逢的机遇。

（二）发展绿色建材对建设节约型社会具有重要意义

1. 发展绿色建材有助于节约资源，保护环境

绿色建材对于节约资源和保护生态环境有着重要作用，在生产过程中尽量减少天然资源的消耗，大量使用尾矿、废渣、垃圾等废弃物。采用低能耗制造工艺和不污染环境的生产技术，使产品可循环使用或回收再利用，无污染环境的废弃物产生。依靠科技进步，采用新工艺、新装备，淘汰高能源、高物耗、高污染、低效率的落后生产能力，研制生产健康节能的绿色环保产品，发展绿色建材将有助于节约资源、保护环境。

2. 发展绿色建材是改善居住环境，提高生活质量的需要

随着人民生活水平和质量的提高，对居住环境的要求也越来越高，这就要求建筑材料不但要有良好的使用功能，同时还要具有无毒、无害、节能、环保的功能，具有有益于人们居住安全和健康的功能，如抗菌、防霉、除臭、隔热、防火、调温、防辐射、抗静电等。发展绿色建材，对改善居住环境，提高生活质量是十分重要的。

综上所述，中国发展绿色建材是建材行业发展的需要，也是人们生活水平不断提高，农业、林业、经济等持续发展的需要。

第二节　绿色混凝土材料

一、绿色混凝土概述

（一）绿色混凝土的定义

绿色混凝土，指既能减少地球环境的负荷，又能与自然生态系统协调共生，为人类构造舒适环境的混凝土材料，可理解为节约资源、能源，不破坏环境，更有利于环境。一般说来，绿色混凝土应具有比传统混凝土更高的强度和耐久性，可以实现非再生性资源的循环使用和有害物质的最低排放，既能减少环境污染，又能与自然生态系统协调共生。

（二）绿色混凝土的分类

绿色混凝土主要分为绿色高性能混凝土、再生骨料混凝土、环保型混凝土及机敏型混

凝土等。

1. 绿色高性能混凝土

真正的绿色高性能混凝土应该是节能型混凝土，所使用的水泥必须为绿色水泥。普通水泥生产过程中需要高温煅烧硅质原料和钙质原料，消耗大量的能源。如果采用无熟料水泥或免烧水泥配制混凝土，就能显著降低能耗，达到节能的目的。

2. 再生骨料混凝土

再生骨料混凝土指以废混凝土、废砖块、废砂浆做骨料，加入水泥砂浆拌制的混凝土，中国20世纪50年代所建成的混凝土工程已使用50余年，许多工程都已经损坏，随着结构的破坏，许多建筑物都需要修补或拆除，而在大量拆除的建筑废料中相当一部分都是可以再生利用的，如果将拆除下来的建筑废料进行分选，制成再生混凝土骨料，用到新建筑物的重建上，不仅能够根本上解决大部分建筑废料的处理问题，同时也可减少运输量和天然骨料使用量。但是，再生骨料与天然骨料相比，孔隙率大、吸水性强、强度低，因此再生骨料混凝土与天然骨料配置的混凝土的特性相差较大，这是应用再生骨料混凝土时需要注意的问题。

3. 环保型混凝土

混凝土材料给环境带来了负面影响，如制造水泥时燃烧碳酸钙排出的二氧化碳和含硫气体，形成酸雨，产生温室效应，进而影响环境。据调查，城市噪声的三分之一来自建筑施工，其中混凝土浇捣振动噪声占主要部分。就混凝土本身的特性来看，质地硬脆，颜色灰暗，给人以粗、硬、冷的感觉，由混凝土构成的生活空间色彩单调，缺乏透气性、透水性，对温度、湿度的调节性能差。城市大密度的混凝土建筑物和铺筑的道路，使城市的气温上升。新型的混凝土不仅要满足作为结构材料的要求，还要尽量减少给地球环境带来的负荷和不良影响，能够与自然协调，与环境共生。因此，作为人类最大量使用的建设材料，混凝土的发展方向必然是既要满足现代人的需求，又要考虑环境因素，有利于资源、能源的节省和生态平衡，环保型的混凝土成了混凝土的主要发展方向。

(1) 低碱混凝土

pH 值在 12 ~ 13、呈碱性的混凝土对用于结构物来说是有利的，具有保护钢筋不被腐蚀的作用。但对于道路、港湾等，这种碱性不利于植物和水中生物的生长，所以开发低碱性，内部具有一定的空隙，能够提供植物根部或生物生长所必需的养分存在的空间、适应生物生长的混凝土是环保型混凝土的一个重要研究方向。

目前开发的环保型混凝土主要有多孔混凝土及植被混凝土。多孔混凝土也称为无砂混凝土，它只有粗骨料，没有细骨料，直接用水泥作为黏结剂连接粗骨料，其透气和透水性能良好，连续空隙可以作为生物栖息繁衍的地方，而且可以降低环境负荷，是一种新型的环保材料。植被混凝土则是以多孔混凝土为基础，然后通过在多孔混凝土内部的孔隙加入各种有机、无机的养料来为植物提供营养，并且加入了各种添加剂来改善混凝土内部性质，使得混凝土内部的环境适合植物生长，另外还在混凝土表面铺了一层混有种子的客土，提供种子早期的营养。

(2) 透水混凝土

透水性混凝土与传统混凝土相比，透水性混凝土最大的特点是具有15%～30%的连通孔隙，具有透气性和透水性，将这种混凝土用于铺筑道路、广场、人行道等，能扩大城市的透水、透气面积，增加行人、行车的舒适性和安全性，减少交通噪声，对调节城市空气的温度和湿度，维持地下土壤的水位和生态平衡具有重要作用。

透水性混凝土使用的材料有水泥、骨料、混合材、外加剂和水，与一般混凝土基本上相同，根据用途、目的及使用场合不同，有时不使用混合材和外加剂。反映透水性混凝土性能的指标有孔隙率、透水系数、抗压强度、抗冻融循环性和干缩等。

(3) 吸收分解 NO_x 的光催化混凝土

城市工业和交通的发展，会导致城市的空气质量的下降。燃烧燃料也会对大气环境造成严重的影响，其中危害最大的是 NO_x，NO_x（主要有 NO、NO_2、N_2O）可引起酸雨、臭氧层破坏、温室效应及光化学烟雾等破坏地球生态环境和危害人的身体健康及其动植物的发育等问题。光催化混凝土是绿色建材中的一种，它含有二氧化钛催化剂，因而具有催化剂，能氧化多数的有机和无机污染物，尤其是工业燃烧和汽车尾气排放的 NO_x 气体，使其降解为二氧化碳和水等无害物质，起着空气净化、美化环境的作用。

4. 机敏型混凝土

机敏混凝土是一种具有感知和修复性能的混凝土，是智能混凝土的初级阶段，是混凝土材料发展的高级阶段。智能混凝土是在混凝土原有的组成基础上掺加复合智能型组分使混凝土材料具有一定的自感知、自适应和损伤自修复等智能特性的多功能材料，根据这些特性可以有效地预报混凝土材料内部的损伤，满足结构自我安全检测需要，防止混凝土结构潜在的脆性破坏，能显著提高混凝土结构的安全性和耐久性。近年来，损伤自诊断混凝土、温度自调节混凝土及仿生自愈合混凝土等一系列机敏混凝土的相继出现，为智能混凝土的研究和发展打下了坚实的基础。

（1）自诊断智能混凝土

自诊断智能混凝土具有压敏性和温敏性等性能。普通的混凝土材料本身并不具有自感应功能，但在混凝土基材中掺入部分导电组分制成的复合混凝土可具备自感应性能。目前常用的导电组分可分为三类，分别为聚合物类、碳类和金属类，而最常用的是碳类和金属类。碳类导电组分包括石墨、碳纤维及炭黑；金属类材料则有金属微粉末、金属纤维、金属片及金属网等。

（2）自调节机敏混凝土

自调节机敏混凝土具有电力效应和电热效应等性能。机敏混凝土的力电效应、电力效应是基于电化学理论的可逆效应，因此将电力效应应用于混凝土结构的传感和驱动时，可以在一定范围内对它们实施变形调节。例如，对于平整度要求极高的特殊钢筋混凝土桥梁，可通过机敏混凝土的电热和电力自调节功能进行调节。由于温度自重所引起的蠕变，机敏混凝土的热电效应使其可以方便地实时检测建筑物内部和周围环境温度变化，并利用电热效应在冬季控制建筑物内部环境的温度，可极大地促进智能化建筑的发展。

（3）自修复机敏混凝土

混凝土结构在使用过程中，大多数结构是带裂缝工作的。含有微裂纹的混凝土在一定的环境条件下是能够自行愈合的，但自然愈合有其自身无法克服的缺陷，受混凝土的龄期、裂纹尺寸、数量和分布以及特定的环境影响较大，而且愈合期较长，通常对较晚龄期的混凝土或当混凝土裂缝宽度超过了一定的界限，混凝土的裂缝很难愈合。国内的研究表明，掺有活性掺和料和微细有机纤维的混凝土破坏后其抗拉强度存在自愈合现象；经研究混凝土裂缝自愈合的方法是在水泥基材料中掺入特殊的修复材料，使混凝土结构在使用过程中发生损伤时，自动利用修复材料（黏结剂）进行恢复甚至提高混凝土材料的性能。

（三）发展绿色混凝土的必要性

在未来相当长的时间内，水泥混凝土仍将是应用最广、用量最大的建筑材料。但同时混凝土的大量使用也带来了很多的负面影响，比如说环境问题等。因此混凝土能否长期作为最主要的建筑结构材料，其关键在于能否成为绿色材料，能否坚持可持续发展道路。

（四）发展绿色混凝土的措施

绿色混凝土的概念自问世以来，便受到广泛关注。如何使混凝土材料成为绿色材料成为一个重要的课题。目前就如何发展绿色混凝土，有以下一些措施。

第一，绿色高性能混凝土使用的水泥必须为绿色水泥，砂石料的开采应以十分有序且不过分破坏环境为前提，大力推行以碎石破碎后的下脚料——石屑代替天然砂技术。

第二，最大限量地节约水泥用量，从而减少水泥生产中的“副产品”——CO_2、SO_2等，减小因大量排放无法固定处理的CO_2、SO_2等而导致的整个地球的“温室效应”和局部地区酸雨的形成等后果，以保护环境。

第三，更多地掺加经加工处理的工业废渣如磨细矿渣、优质粉煤灰、硅灰、稻壳灰等作为活性掺合料，以节约水泥，保护环境，并改善混凝土耐久性。

第四，应用以工业废液，尤其是造纸厂黑色纸浆废液为原料改性制造的减水剂，以及在此基础上研制的其他复合外加剂。

第五，发挥高强混凝土的优势，通过提高强度，来减小结构截面积或结构体体积，减少混凝土用量，从而节约水泥和砂、石的用量；通过改善施工性来减小浇注密实能耗，降低噪声；通过大幅度提高混凝土耐久性，延长结构物的使用寿命进一步节约维修和重建费用，减少对资源无节制的开挖使用。

第六，集中搅拌混凝土，并消除现场搅拌混凝土所产生的废料、粉尘和废水，即对从混凝土搅拌站排出的废水、废混凝土料进行循环使用。

第七，对因拆除旧混凝土建筑物（构筑物）所产生的废弃混凝土进行循环利用，发展再生混凝土。

第八，发展预制混凝土和建筑混凝土。预制混凝土构件的生产通常在工厂车间内进行，不受气候条件的影响。与建筑工地生产相比，水泥、骨料和预拌混凝土的运输均可在密闭系统内进行，粉尘、废料、垃圾、噪声、焊接烟尘等污染源易控制。若采用自密实混凝土等新技术，则减少了施工现场的湿作业，可减少生产过程中的噪声和振动，具有明显的环保效果。此外，由于预制可采用比较复杂的工艺生产各式大梁、空心板等构件，可降低材料和自然资源的消耗。

二、绿色高性能混凝土

（一）绿色高性能混凝土材料的含义及分类

1. 绿色高性能混凝土材料的定义

绿色高性能混凝土是一种具有优良的施工性能、高耐久性与高强度，能够保护环境、节约能源并有益于人体健康的新型混凝土，代表了混凝土的发展方向。绿色高性能混凝土具有以下四个特点：比传统混凝土材料有更好的力学性能和耐久性能，尽量减少修补或拆除过程中建筑垃圾对环境的污染；大量利用工业废渣和其他资源，最大限度地减少能耗大、污染严重的水泥熟料的生产与使用；施工简单，尽量降低使用工业废渣及其他资源时的二次能源消耗；具有与自然环境的协调性，减轻对环境的负荷，实现非再生性资源的循环使用。

2. 绿色高性能混凝土材料的分类

(1) 减轻环境负荷型混凝土

减轻环境负荷型混凝土是指在混凝土的生产、使用直到废弃全过程中，能够减轻给地球环境造成的负担。实现的主要技术途径包括以下内容。

①降低混凝土生产过程中的环境负担

这种技术途径主要是通过固体废弃物的再生利用来生产利废环保型混凝土，例如生态水泥配制混凝土、再生混凝土等。生态水泥配制混凝土是以城市垃圾焚烧灰、污泥或其他工业废弃物和石灰石为主要原料获得水硬性胶凝材料，用这种水泥制作而成的混凝土。生态水泥配制混凝土可以彻底解决废弃物处理占地、石灰石资源和能源危机等问题，是实现零污染最为有效的途径。

再生混凝土是将拆除建筑物产生的建筑废料（废混凝土、废砖块、废砂浆等）或工业固体废弃物（煤渣、煤石、粉煤灰等）经过破碎、分级并按一定的比例混合后形成再生骨料，利用再生骨料作为部分或全部骨料配制的混凝土。此外，采用在混凝土中添加以工业废液为主要原料改性制造的各种外加剂，磨细矿渣、优质粉煤灰、硅灰和稻壳灰等作为活性掺合料等方法也可配制再生混凝土。

②在使用过程中的降低环境负荷

这种途径主要通过使用技术和方法来降低混凝土的环境负担，例如免振自密实混凝土、高耐久性混凝土等。免振自密实混凝土是在浇筑时仅靠混凝土自身的重力而不需要任何捣实外力达到自密实、自流平的混凝土。从生产技术上讲，免振自密实混凝土生产过程节能、高效、减少噪声，具有混凝土绿色化施工技术的特点。高耐久性混凝土通过设计延长了混凝土使用寿命，降低了维修费用，这就相当于降低混凝土生产过程中的环境负担。

③通过提高功能来改善混凝土对环境的影响。

这种技术途径是通过增多或强化混凝土的功能来降低其环境负担的，例如透水混凝土、绿化混凝土、吸音混凝土等。混凝土功能的增多或强化，相当于替代或延长了混凝土的使用范围与服务年限，对节省能源、资源和保护环境起到相同的作用。

（2）生物相容型混凝土

生物相容型混凝土是能够与动植物等生物和谐共存、对调节生态平衡、美化环境景观和实现人类与自然协调具有积极作用的混凝土。根据功能，这类混凝土可分为植物相容型生态混凝土、海洋及水域生物相容型生态混凝土、净化水质用生态混凝土等。目前研究开发较多的生物相容型混凝土是多孔混凝土。多孔混凝土又称大孔混凝土、无砂混凝土，由粗骨料与水泥浆或砂浆结合而成。由于混凝土内具有大量的连通孔，因此多孔混凝土具有良好的透水性和透气性，孔隙率一般为5%～35%，能够提供生物的繁殖生长空间，净化和保护地下水资源，修复天然水域的生态环境，是一种典型的环保材料。

（二）绿色高性能混凝土的特征

根据材料过程工程学理论，从资源、能源的消耗、对生态环境的影响以及混凝土产品本身品质几个方面进行判断，绿色高性能混凝土必须具备以下三个主要特征，分别为节约、友好和高效。

1．节约特征

绿色生态混凝土的节约特征表现为对资源、能源的大量节约。真正的绿色生态混凝土应该是节能型混凝土。例如，利用工业废渣与某些碱金属化合物发生化学反应得到碱矿渣水泥。将硅酸盐水泥生产工艺的“两磨一烧”简化为“一磨”，采用无熟料水泥或免烧水泥配制混凝土等，这些绿色生态混凝土技术可以显著降低能耗，达到节能的目的；采用矿物提纯技术从工业废渣中获取绿色生态型胶凝材料，可以充分缓解混凝土工业对矿产资源的需求。

2．友好特征

绿色生态混凝土的友好特征体现为混凝土与生态环境的和谐共生。真正的绿色生态混凝土不仅可以减轻环境负荷，而且具有能够主动改善环境的特点。例如，适应绿色植物生长的生态种植混凝土，改善城市“热岛效应”，保护水资源的透水混凝土，为海洋及水域生物提供生息空间的生物适应型混凝土，分解污染气体杀菌去污的光催化混凝土等，都体现出与自然协调、与生态共融的基本特征。

3．高效特征

绿色生态混凝土的高效特征体现为混凝土产品的多功能化、高耐久性和可循环利用。真正的绿色生态混凝土应该以产品的耐久性为目标。以提高产品质量和功能为重点，开发可循环利用的再生性材料为方向。例如，绿色高性能混凝土通过合理的设计以及适应的使用方法，提高混凝土的耐久性和建筑物的寿命，从而达到提高产品使用效率、降低环境负荷的目的；利用废弃混凝土生产再生骨料混凝土，可以实现资源和材料的循环利用。

（三）绿色高性能混凝土的原材料

1. 水泥

在水泥混凝土各原材料中，水泥是最主要的不可缺少的一种材料，它既起胶凝材料作用，又是使所有活性掺合料发挥其自身活性产生胶凝物质的激发剂。

虽然水泥只占混凝土所有原材料重量的10%～20%，但水泥工业生产中所消耗的能量是最多的，几乎占混凝土能量消耗的50%～60%；混凝土从原材料生产加工到浇注成型过程中，水泥生产工业是排放粉尘、SO_2 以及 NO_x 等有害气体的重大环节。因而，生产和使用节能型、环境污染少的绿色水泥是发展绿色高性能混凝土的首要条件。这里主要讨论绿色水泥在原材料、生产控制等方面应注意的几个基本问题。

（1）水泥工业的几种形式

水泥工业形式按资源利用水平、技术装备、管理水平、产品品种质量、废物排放以及造成环境污染的程度等进行划分，目前主要存在以下四种生产类型。

①粗放型。无节制地向自然索取资源（原料、燃料、电力），且利用率低；在企业技术装备上表现为简陋粗糙、陈旧、效率低，安全可靠性差；管理上更是无科学性可言；水泥品种少，质量不稳定；在废渣利用方面，只是为了增加低标号水泥品种，降低成本才在少数企业使用，尚未充分考虑废渣的活性；在环保方面，基本上属于无节制排放，尽管可能有国家标准，但由于环保意识尚未在社会中广泛而牢固地建立，因而多数都不执行，导致环境污染非常严重。

②技术型。能够做到有控制、有规范地利用资源，并且正在力争充分利用，以减少浪费；能够采用新技术、新装备，以趋向于节能降耗；开发研制出较多的水泥品种，质量较合格，可满足各种需要；在三废的控制方面已趋向于能够满足日益严格的排放标准，环境污染逐步减轻。

③集约型。当生产水平提高到这一阶段，水泥工业已开始综合地充分利用资源，尽量争取物尽其用，使资源浪费降到最小；能够广泛采用最新的技术装备，全面实现高效低耗；此时水泥品种多，性能优；没有废渣排放，粉尘可以忽略不计，有害气体极少，完全达到排放标准；环境污染十分轻微。

④“绿色”型。要求将资源利用率和二次能源回收率均提高到最高，并且能够循环利

用其他工业的废渣和废料；技术装备上更强化了环境保护的技术与措施；产品除了全面实行质量管理体系外，还真正实行全面环境保护的保证体系；粉尘、废渣和废气等的排放接近于零，真正做到不但自身实现零污染、无公害，而且因循环利用其他工业的废料、废渣，而帮助其他工业的三废消化，最大限度地改善环境。

（2）发展绿色水泥应采取的几个措施

为尽快使中国水泥生产迈上“绿色化”轨道，应从以下几个方面着手。

①进一步开拓原材料资源，加大原材料资源的地质勘探工作力度，摸清原料资源的储量、品位、分布情况，此同时，还要研究开发除石灰石和黏土以外的其他钙质和硅质原料，避免对现有较高品位水泥原料矿山的不科学的乱采乱挖，从而导致水泥工业很快遭受无米之炊之苦。

②尽一切技术力量节约水泥生产中的能耗。每生产 1t 水泥熟料，中国目前平均消耗 152kg 标准煤，而世界先进水平为 105kg。如果我们的节能技术提高到世界先进水平，按年产 3 亿 t 水泥熟料计算，则每年仅水泥生产中就可节约标准煤 470 万 t。实现这一目标，必须创建新型干法生产线，提高煤炭利用效率并完善现有的粉磨设备。

③加大循环利用其他工农业排放的废渣的力度。可以作为水泥混合材的工农业固体废渣有很多种，如高炉矿渣、电厂粉煤灰、硅铁合金厂的副产品硅灰、农业稻壳灰，还有其他如磷渣、电石渣、钢渣以及天然的石灰石、沸石和烧黏土等，这些混合材都具有一定的潜在活性，其活性成分可以与水泥熟料的水化产物 $Ca(OH)_2$ 等发生二次水化反应，产生起增强作用的产物。废渣作为水泥的混合材尚有很大潜力可挖，但是由于混合材掺量较大时，水泥的早期强度有可能达不到有关的产品标准，所以，未来在进一步开发研究和生产大掺量混合材的水泥品种时，一方面要解决水泥的早期强度问题，另一方面，也可以对有关标准进行必要的修改，以利于水泥工业吃灰的“便利”性。

④更严格地限制粉尘的排放。中国目前水泥工业控制粉尘排放量的水平相当低，只相当于发达国家 20 世纪五六十年代的水平，情况十分令人担忧。有关部门应尽快加以改造，安装袋式除尘器或电除尘器，将粉尘排放量降低到 $50mg/m^3$ 以下甚至接近于零。

⑤大力推广散装水泥。以散装形式运输和储备水泥是工业和建设大规模化后水泥工业发展的必然趋势，散装水泥可以避免使用包装纸袋或塑料袋，因而防止了水泥袋拆用后造成的废弃物对环境的二次污染；采用散装水泥同时也为混凝土生产中采用机械化自动上料、自动称量，减少浪费和污染提供了一定保证。中国目前散装水泥仅占当年水泥总产量的 15% 左右，而水泥工业发达国家已达到 90% 左右，我们在这方面是十分落后的。

从以上分析来看，中国水泥工业要想实现“绿色”生产，必须在原料、工业废料利用、节约能耗、降低废物排放等方面下功夫。水泥产品的绿色含量上不去，则绿色混凝土也是一句空话。

2. 绿色高性能混凝土对其他原材料的要求

绿色高性能混凝土除了对水泥的“绿色”含量要求很高外，对活性掺合料、集料、外加剂和拌和水的质量都提出了严格的要求，以改变过去那种材料使用过程中无序的状态和人为的浪费，以及消除微量的、不易被人察觉但的确对人体健康会造成一定危害的物质的存在。随着科技的发展，这些要求都将逐步被量化而使具体控制有所依据。

三、废弃混凝土再生骨料

（一）废弃混凝土开发利用的必要性

随着世界范围内城市化进程加快，建筑业进入高速发展阶段。一方面，大量旧建筑物被拆除，产生了大量的建筑垃圾，其中废弃混凝土所占份额最大。另一方面，混凝土生产需要大量的砂石骨料，由于砂石资源短缺，价格上涨，在经济利益的驱使下，中国多数地区前几年都出现了乱采滥挖天然砂石的情况，出现了无偿、无序、无度的“三无”混乱局面，非法采砂石的现象屡禁不止，河道挖砂影响了堤岸安全、河势稳定、防汛排洪、水路交通及有关设施；在古河道中挖砂形成的砂石坑千疮百孔，毁坏了土地；城市丘陵山地石料场的开采，严重地破坏了自然山体的景观和绿色植被，导致边坡失稳和城市景观的破坏。另外，天然砂石在生产、贮存和运输过程中还造成对空气和环境的污染，同时也使国有资源大量流失和浪费。而随着对天然砂石的不断开采，为取得这些原材料，需要开山和挖取河床，破坏自然景观，改变河床位置和形状，造成水土流失或河床改道等严重后果，对生态环境的破坏十分严重。

要解决这些问题，就必须改变传统的混凝土生产方式，将混凝土的生产方式转变到一个可持续发展的轨道上来，而利用废弃混凝土生产再生骨料拌制再生骨料混凝土是发展绿色混凝土的主要措施之一。利用废弃混凝土生产再生骨料即是将废弃混凝土破碎、分级、清洗后作为新拌混凝土的骨料，这样不仅节省了天然骨料资源，而且还可以减少废弃混凝土对城市的环境污染。

（二）废弃混凝土再生骨料的开发利用情况

利用废弃混凝土再生骨料拌制的再生骨料混凝土是发展绿色混凝土的主要措施之一，

已成为混凝土界关注的一大焦点。

（三）再生骨料的生产、特点及改性

建筑垃圾里废弃的混凝土和钢筋混凝土中含有其他杂质，如木块、塑料、铁件、纸板等，必须经过分选、清洗、破碎、分级等工序，然后按一定比例相互配合得到再生骨料。首先，再生骨料可作为部分或全部骨料用来配制混凝土（或称为再生混凝土）。其次，混凝土块等废料经破碎后，可以代砂，用于砌筑砂浆、抹灰砂浆、打混凝土垫层等，还可以用于制作砌块、铺道砖、花格砖等建材制品。

再生骨料表面粗糙、棱角较多，骨料表面还包裹着相当数量的水泥砂浆，并且混凝土块在解体、破碎过程中由于损伤积累使再生骨料内部存在大量微裂纹，与天然骨料相比较具有孔隙率高、吸水性大、强度低等特征。这些因素导致由再生骨料配制的再生骨料混凝土的性能有许多不尽如人意的地方，譬如拌和物的流动性差，影响施工的操作性；收缩值、徐变值也比较大；只能配制中低强度混凝土等，因而限制了再生骨料混凝土的应用范围。国内外有关资料表明，目前再生骨料混凝土主要用于地基加固、道路工程的垫层、室内地坪垫层、砌块砖等方面，要扩大其应用范围，必须对再生骨料进行改性强化处理。

第三节　绿色保温材料

一、保温材料概述

（一）发展趋势

建筑物隔热保温是节约能源、改善居住环境和使用功能的一个重要方面。建筑能耗在人类整个能源消耗中所占比例一般在30%～40%，绝大部分是采暖和空调的能耗，故建筑节能意义重大。其生产成本仅约为国外同类产品的五分之一，而它作为一种新型隔热保温涂料，因其良好的经济效益及节能环保、隔热效果和施工简便等优点而越来越受到人们的关注与青睐。且这种太空绝热反射涂料正经历着一场由工业隔热保温向建筑隔热保温的方向转变，由厚层向薄层隔热保温的技术转变，这也是今后隔热保温材料主要的发展方向之一。太空反射绝热涂料通过应用陶瓷球形颗粒中空材料在涂层中形成真空腔体层，构筑有

效的热屏障，不仅自身热阻大，导热系数低，而且热反射率高，减少建筑物对太阳辐射热的吸收，降低被覆表面和内部空间温度，因此它被行家公认为有发展前景的高效节能材料之一。

当今，全球保温隔热材料正朝着高效、节能、薄层、隔热、防水外护一体化方向发展，在发展新型保温隔热材料及符合结构保温节能技术同时，更强调有针对性地使用保温绝热材料，按标准规范设计及施工，努力提高保温效率及降低成本。国内也有多家企业在研发该类材料，如薄层隔热反射涂料、太阳热反射隔热涂料、水性反射隔热涂料、隔热防晒涂料、陶瓷绝热涂料等。主要是采用耐候性好、耐水性强、耐老化性强、有较强黏结力和弹性的，且能与保温填料、反射填料相溶性好的成膜材料，选择质轻中空、耐高温、热阻大、并具有良好反射性和辐射性的填料，折光系数高、表面光洁度高、热反射率及辐射率高的超细粉料适合作为反射填料，与成膜基料一起构成低辐射传热层，可有效隔断热量的传递。这种薄层隔热反射涂料与多孔材料复合使用可用于建筑物、车船、石化油罐设备、粮库、冷库、集装箱、管道等不同场所涂装。

（二）特点

保温材料可用于工业设备和管道的保温，绝热措施和材料气凝胶最早应用于美国国家航天局研制的太空服隔热衬里上。保温材料具有导热系数低、密度小、柔韧性高、防火防水等特性。其常温导热系数0．018W/mK且绝对防水，保温性能是传统材料的3~8倍。其重量轻，一般10~96kg/m^3，20kg/m^3以下为毡，24~48kg/m^3为中硬板，48~96kg/m^3为硬板，其中48kg/m^3可做天花板，软化点为500℃左右，保温300℃，美国用量较大，k=0.9。

硅酸钙绝热制品国内20世纪70年代研制成功，具有抗压强度高，导热系数小，施工方便，可反复使用的特点，在电力系统应用较为广泛。

国内大部分为小作坊式生产，后来相继从美国引进四条生产线，工艺技术先进，速溶速甩成纤、干法针刺毡，质量稳定，可耐温800~1250℃。

特点是酸度导数2．0以上，耐高温，一般化工管道1000℃多，必须用这种材料。熔温在2000℃左右。

主要产品为聚苯乙烯泡沫塑料和聚氨酯泡沫塑料，但建筑领域应用存在问题。多用于钢丝网夹芯板材、彩色钢板复合夹心板材，虽然适用范围有一定限制，但发展较快，随着建筑防火对材料要求越来越严格，对该材料应用提出了新课题。

保温材料可收集多余热量，适时平稳释放，梯度变化小，有效降低损耗量，夏季隔热、冬季保温均可起到平衡作用。在新楼装饰和旧楼改造中，能够克服墙面裂缝、结露、发霉、起皮等先天不足弊病；而且安全可靠，与基底整体黏结性强，随意性好，无空腔，避免负风压撕裂和脱落。能有效地克服板材拼接后边肋、阳角外翘变形面砖脱落等问题。材料中有机物与主墙基底存在的游离酸反应形成化合物，渗入主墙微孔隙中，形成共同体，确保干态黏结性，并改善湿态黏结保值率，具有极好黏结性。选用漂珠、水镁石纤维（管状纤维）等原材料，其结构中形成封闭的憎水性微孔隙空腔结构，作为相变材料载体，可确保相变材料的长期实用性。

（三）分类

1. 按材料成分分类

（1）有机材料

①有机类保温材料主要有聚氨酯泡沫、聚苯板、酚醛泡沫等。

②有机保温材料具有重量轻、可加工性好、致密性高、保温隔热效果好的优点，但缺点是不耐老化、变形系数大、稳定性差、安全性差、易燃烧、生态环保性很差、施工难度大、工程成本较高，其资源有限，且难以循环再利用。

③传统的聚苯板、无机保温板具有优异的保温效果，在中国的墙体保温材料市场中广泛使用，但是不具备安全的防火性能，尤其是燃烧时产生毒气，其实此类材料的使用在发达国家早已经被限制在极小的应用领域。中国建筑物因大面积使用聚苯板保温材料而火灾事故频发，造成了巨大的经济损失和人员伤亡。

④经济性表现在综合造价低。PU 建筑保温材料应不断加强质量稳定，不断提升技术，不断坚持行业自律，使其保持持续、稳定、健康的发展势头。

（2）无机材料

①无机保温材料主要集中在气凝胶毡、玻璃棉、岩棉、膨胀珍珠岩、微纳隔热、发泡水泥，无机活性墙体保温材料等具有一定保温效果的材料，能够达到 A 级防火。

②岩棉的生产对人体有害，工人会有不愿施工的情况出现，而且岩棉建厂的周期长，从建厂到可生产大约需要 2 年的时间。国内市场岩棉的供应量也达不到使用的要求。

③膨胀珍珠岩的重量大，吸水率高。

④微纳隔热板的保温性能是传统保温材料的 3 ~ 5 倍，常用于高温环境下，但价格较贵。

⑤气凝胶毡是建筑 A1 级无机防火材料，常温导热系数为 0.018W/mK，且绝对防水，其保温性能是传统材料的 3 ~ 8 倍，可取代玻璃纤维制品、石棉保温毡、硅酸盐制品等不环保、保温性能差的传统柔性材料。

⑥2011 年 3 月公安部规定使用 A 级不燃材料作为保温系统，未来的趋势最多可以放宽到 B1 级防火材料，无机保温材料的发展前景依然较好。

⑦膨胀珍珠岩由于原料来源广泛，生产设施简单，对人体无害，相信在以后可以作为主要的材料使用。

2. 按材料形状分类

按照保温材料的不同容重、成分、范围、形状和施工方法划分类别。

（1）按照不同容重分为重质（400 ~ 600kg/m^3）、轻质（150 ~ 350kg/m^3）和超轻质（小于 150kg/m^3）三类。

（2）按照不同成分分为有机和无机两类。

（3）按照适用温度不同范围可分为高温用（700℃以上）、中温用（100 ~ 700℃）和低温用（小于 100℃）三类。

（4）按照不同形状分为粉末、粒状、纤维状、块状等类，又可分为多孔、矿纤维和金属等。

（5）按照不同施工方法分为湿抹式、填充式、绑扎式、包裹缠绕式等。

（四）在建筑上应用

1. 墙体保温

专指用于建筑墙体的一类保温材料，根据使用位置可分为：外墙保温材料、内墙保温材料、屋面保温材料；根据保温材料的内在成分可分为：无机保温材料和有机保温材料。

2. 外墙保温

（1）外墙保温材料：①硅酸盐保温材料；②陶瓷保温材料；③胶粉聚苯颗粒；④钢丝网采水泥泡沫板（舒乐板）；⑤挤塑板 XPS；⑥硬泡聚氨酯现场喷涂、硬泡聚氨酯保温板；⑦发泡水泥板；⑧A 级无机防火保温砂浆等。

（2）屋面保温材料：①陶瓷保温板；②XPS 挤塑板；③EPS 泡沫板；④珍珠岩及珍珠岩砖；⑤蛭石及蛭石砖；⑥发泡水泥；⑦热力、空调材料：酚醛树脂、聚氨酯防水保温一体化、橡塑海绵、聚乙烯、聚苯乙烯泡沫、玻璃棉、岩棉；⑧钢构材料：聚苯乙烯、挤塑板、聚氨酯板、玻璃棉卷毡等。

3. 倒置式

倒置式屋面就是将憎水性保温材料设置在防水层上的屋面。其优点在于如下内容。

（1）构造简化，避免浪费。

（2）不必设置屋面排汽系统。

（3）防水层受到保护，避免热应力、紫外线以及其他因素对防水层的破坏。

（4）出色的抗湿性能使其具有长期稳定的保温隔热性能与抗压强度。

（5）能保持长久的保温隔热功能，持久性与建筑物的寿命等同。

（6）憎水性保温材料可以用电热丝或其他常规工具切割加工，施工快捷简便。

（7）日后屋面检修不损材料，方便简单。

（8）采用了高效保温材料，符合建筑节能技术发展方向。

4. 浆体保温

浆体保温材料主要用于外墙内保温，也可用于隔墙和分户墙的保温隔热，如性能允许还可用于外墙外保温。浆体材料有两种类型：一种是以胶凝材料为主的固化型，一种是以水分蒸发为主的干燥型。其主要成分是由海泡石（聚苯粒）、矿物纤维、硅酸盐为主的多种材料，经过一定的生产工艺复合而成的轻质保温材料。它的产品有粉状和膏状（浆体状）两种类型，但使用时均以浆体抹在基层上。使用时注意以下检测数据。

第一，用于内保温和隔墙：导热系数、表观密度、体积收缩率、黏结强度、软化系数、石棉含量、水蒸气透湿系数、吸水率、氧指数等。

第二，用于外保温应考虑材料的导热系数、表观密度、体积收缩率、黏结强度、憎水率、石棉含量、软化系数、吸水率、防火性能等，同时还应考虑系统的保温隔热性。

无论是板材保温隔热材料还是浆体保温隔热材料各有其特点，只有适应其特点，才能最大限度地发挥其优势，对建筑节能起到事半功倍的作用。

二、几种绿色保温材料的介绍

目前在中国范围内用于外墙保温的绝热材料主要有膨胀聚苯板（EPS 板）、挤塑聚苯板（XPS 板）、聚氨酯、胶粉聚苯颗粒、膨胀珍珠岩、海泡石、泡沫玻璃、岩棉等，这几种保温绝热材料在生产过程中都对环境有或多或少的不利影响。随着中国建筑节能向第二阶段的迈进，人们对保温节能材料自身的环保性能越来越重视。这里就介绍两种绿色环保型墙体保温绝热材料——纸纤维素和植物纤维。

（一）纸纤维素墙体保温绝热材料

1. 优势

与其他类型的保温绝热材料相比，纸纤维素主要具有以下几点优势。

（1）热学性能稳定

纸纤维素的热学性能非常稳定，它的导热系数和热阻受密度和温度的影响很小，密度为$24kg/m^3$时的导热系数为0.035W/（m·K），密度为$55kg/m^3$时的导热系数为0.036W/（m·K），而玻璃棉的导热系数随着密度的变化相差2倍以上，纸纤维素的导热系数在-20℃～70℃之间基本保持不变，玻璃棉的导热系数在寒冷的冬天最多可降低50%。

（2）低能耗

回收的新闻报纸经过破碎、阻燃、防水等处理即可使用，纸纤维素在整个制造中所消耗的能源很少，并且不排放CO_2气体，而生产一吨聚苯乙烯需要耗电500度、燃料0.64×10^6大卡、8吨冷却水和2吨原油。

（3）可回收利用

制造纸纤维素的新闻用纸可连续回收利用达7次，而其他保温材料一般只能利用一次。

（4）优良的防火性能

按照英国的标准，正常的防火墙可分为15分钟、30分钟和60分钟三个等级。防火实验证明，经过阻燃处理的纸纤维素防火墙的等级为60分钟。而玻璃棉防火墙的等级为15分钟，矿棉防火墙的等级为30～60分钟，一些泡沫材料不够级别。

2. 生态环保

利用回收纸作为原材料有利于减少环境污染，并且在使用过程中对人类的健康无任何不利影响，使用后没有难以回收或产生垃圾等问题。

在国外，纸纤维素作为保温绝热材料主要用于阁楼和木框架结构建筑中，其安装和使用技术主要有以下几种。

（1）阁楼安装（Loft Installation）

此法也称为疏松填充。首先把纸纤维素半压缩打包，半压缩包的密度为150～200 kg/m^2，安装时把半压缩包放进特殊的鼓风设备内，用鼓风设备把纸纤维素吹到阁楼底部，纸纤维素为干态的，不加水和黏结剂，鼓风设备的作用是打碎半压缩的纸纤维素，然后把它以松散纤维的形式吹到阁楼底部，吹出来的松散纸纤维素密度为$24kg/m^3$±

15%，导热系数为0. 035W/（m·K）。

（2）墙空穴安装（Wall Cavity Installation）

Excel公司开发了一种“Turfill”系统用于墙空穴安装，这种方法是把纤维在压力下吹入墙上面的空穴内，纤维的密度大约为55kg/m³。对于用预制件装配的建筑系统，可采用湿法喷涂技术安装，此技术是把纸纤维素弄湿后吹到壁骨材料之间的外木质面板的内侧，施工时需要水和黏结剂把纸纤维素与基体结合在一起，然后在固定内墙板之前用特殊工具把纸纤维素刮平。最近，德国市场上出现了另一种适用于用预制件装配的建筑体系的技术，此技术是用热固性交联树脂把纸纤维素粘在一起，纤维的密度为50～100kg/m³。

（3）热屋顶安装（Hot Roof Installation）

对于木结构热屋顶空穴保温系统，或者把纸纤维素吹入空穴内，或者使用湿喷的方法，吹入屋顶空穴的纸纤维素密度为45～55kg/m³，导热系数为0. 036W/（m·K）。

（4）预制板填充（Factory Panel Filling）

EXCEL开发了适用于工厂预制木结构单元的“自动填充”系统，此系统与用于装配建筑系统的湿喷技术类似，然后用薄膜密封住这些预先填充的框架单元以防止在运输和现场安装时湿气的进入。

纸纤维素作为保温绝热材料在欧美已经应用40多年了，虽然目前纸纤维素在欧美建筑节能市场上占有的份额比较小，但是，随着人们对健康、环保和防火安全等方面的日益重视，纸纤维素保温绝热材料将会飞速发展。

然而，目前中国的建筑节能市场上还没有出现纸纤维素保温材料，原因是多方面的。

①中外的建筑特点不同。欧美的住宅大多为低层住宅，建筑结构多为木质结构，几乎所有的住宅为坡屋顶，而中国城镇的建筑多为中高层建筑，建筑结构多为钢筋混凝土框架结构。中外建筑特点的不同就决定了纸纤维素的应用方式的不同，国外成熟的应用方式在中国可能就不适用了，中国的企业还需要一定的时间来吸收改进。

②中国的建筑节能起步较晚，建筑保温技术在一些领域还比较落后，而且许多建筑节能企业缺乏自主创新意识。

③中国的建筑节能市场还处于起步和发展阶段，对建筑节能材料的生产要求和使用规范还须不断完善。

（二）植物纤维保温墙体材料

中国作为一个农业大国，每年有大量的农作物秸秆没有很好地被利用。而植物纤维保温材料的出现，可以很好地解决农村农作物秸秆的利用问题，同时它也适应了国家建设节约型社会发展的需求。目前，植物纤维保温材料作为一种新型的建筑材料在市场中的应用才刚刚开始，由于其具有突出的利废、环保、再生和节能等特性，已显现出极强的生命力和广泛的应用前景。

植物纤维保温墙体材料的特点体现在如下几个方面。

成熟的技术和高性能的产品。植物纤维保温墙体材料是国家禁用的黏土砖替代产品中性能较好、实用性较强的产品之一。该产品的性能与黏土砖接近，有较强的实用性，并且舒适性能高于黏土砖建筑。

改变建筑模式的基础构件。一种为解决寒冷地区跨年度施工的材料保障。跨年度施工是寒冷地区建筑业延续多年的传统模式。这种模式建筑成本高、建筑质量低、能源消耗大。植物纤维墙体材料系列产品的应用从根本上改变了这种落后的建筑模式。植物纤维保温墙板按图制作、按号拼装、一次完成砌体和保温的全部工作，它与建筑框架同时施工、按序跟进、同时完工。另一种是植物纤维为实现建筑轻体化、高能化、省地化提供了可靠的物质基础。

实现建材生产的低耗高产。在生产成本中，植物纤维外墙保温板每平方米耗电 0.142 度，耗水 1.5L，不用 1g 燃料，每平方米中电和水的成本为 1 元。与其他墙体保温材料比较，其产出量与能耗比是极低的。植物纤维在使用中的节能效益很高。以植物纤维外墙保温板为例：规格 200mm 厚的墙板，保温系数高出 370mm 黏土砖墙 4 倍，取暖热耗降低 4 倍，取暖成本减少 4 倍，每年可节省大量的能源消耗，减少取暖支出。

植物纤维保温墙体材料在中国市场中应用的广泛性。

地域的广泛性。首先，由于植物纤维保温材料的秸秆原料广泛，在全国各地均可大量生产使用。植物纤维的种类范围广，如南方的稻草、甘蔗渣、稻糠等；北方的玉米秆、高粱秆、大豆秸等；中原地区的麦秸、谷糠等；林业地区的锯末和干柴等。其次，由于植物纤维保温材料产品已经系列化，使用的地域性极大。就生产而言，南方气温条件好，可以全年生产；北方气温低、但是空气干燥，5—9 月每天的产量是南方地区的 3 倍，产量不会受影响。就气候适应性而言，有突出的保温、防水、高强度的特点，能适合热带、亚热带多雨潮湿的气候；同时亦适应北方地区保温抗寒的要求。

使用的广泛性。第一，由于该产品工厂化生产、按图制作、便捷安装、产品系列化等特点，广泛应用于各种框架式建筑如体育场馆、厂房仓库、救灾房屋、宾馆饭店以及商场写字楼等。第二，现投产的产品有多种规格、多种用途和功能。如轻体内墙隔板、卫生间隔板、高保温外墙板、强保温外墙板、保温隔音屋面板、强防水屋面板等。

由于建材价格的不断上涨和房价的上涨，植物纤维系列墙体保温材料的广泛应用，可使建筑成本大为降低。植物纤维墙体保温材料作为一种新的材料，对中国建筑市场的发展将起到积极的推动作用。

随着中国建筑节能市场的逐步完善，人们对健康环保的日益重视，企业自主创新意识的提高，类似以上这两种绿色环保型墙体保温材料必将以其特有的优势在中国的建筑节能市场上占有一席之地。

第四节　高分子材料

一、高分子材料概述

古代虽然没有现在的化学知识，但许多天然高分子利用过程中都涉及了化学过程，如大漆、桐油、骨胶、发酵等。百年前，人们已开始利用硫碘与天然橡胶形成弹性体，到了近代，人们开始利用化学知识进行高分子反应，比如，纤维素改性是典型的高分子化学反应，通过它获得了赛璐珞制作的乒乓球、炸药，以其他改性纤维素制作的织物和胶黏剂等，在特殊条件下的选择性高分子化学降解反应使人类得到甲醇、乙醇等高分子材料的出现与大规模应用是化学化工和材料科学在20世纪为人类作出的最为重要的贡献之一。目前全世界合成树脂及塑料的产量为1.4亿吨/年，按体积计算早已超过金属材料。

自从20世纪初建立了高分子学说以来，人类首先通过小分子化合物缩聚反应，合成了许多高分子化合物，其中几种合成高分子为人类的生活带来了巨大变革。比如，为保证粮食供应，天然纤维种植受到制约，不仅中国自产天然纤维数量受到制约，进口数量也将受到制约。然而，尼龙（聚酰胺）、涤纶（聚酯）、腈纶（聚丙烯蜡）等被称为合成纤维材料的发展，不仅很好地解决了人类的穿衣问题，改变了粮棉争地格局，一个年产万吨的合成纤维厂所生产的纤维就相当于30万亩棉田、250万头绵羊的纤维产量；更为重要的是，它们为人类提供了比传统天然纤维性能优异许多倍且能满足现在各领域需求的纤维，最早进入公众视线的是二战时期出现的降落伞，随后的缆绳、替代钢板的防弹衣等都是由高性能化学合成纤维制作的。中国塑料加工制品和树脂的产量分别居世界第二和第四位，化学纤维年产量已占世界总产量的60%。同时，高分子科学已与直接关系到国民经济和社会发展的能源、材料、医药、环境等重要学科紧密融合渗透，无论是在人们的日常生活中，还是在国防、航天航空及高科技的各个领域，高分子材料都得到了极为广泛的应用，成为现代社会进步中不可或缺的基石。

下面仅就建筑防水材料中的高分子制品种类做简单论述。

高分子化学的一个重要任务是研究高分子参与的化学反应。这包括如下内容。

第一，高分子降解反应，它涉及高分子材料的使用稳定性、使用后的环境友好性、从可再生高分子如纤维素、淀粉、木质素等高选择性降解来获得有机化合物作为燃料或化工原料等。

第二，理解与调控高分子化学反应，它能为以高分子材料为前驱体的高性能材料的研究提供重要方法与途径，碳纤维、碳化硅、高纯石英晶体等就是其中的典型例子。

第三，非石油（化石）资源高分子的研究是今后的一个重要研究方向，如替代现有二硫化碳路线、制备纤维素基纤维和薄膜等绿色技术以及许多天然高分子基（壳聚糖、海藻酸、植物蛋白）的绿色加工技术等，都是很有意义的方向。

由于长链型特征，高分子的许多基本物理化学性质与小分子化合物有很大区别，高分子不存在气态，分子量具有多分散性，运动单元具有多重性，聚集态结构具有多层次和多尺度性。在这些基本性质的研究中，人们发展出了高分子物理化学。比如，溶液性质、高分子分子量及其分布的测定的研究。其实，世界上几乎没有两根完全相同的高分子链。我们说的聚乙烯，同批聚合得到的产物分子链长有明显差别，其链结构也会有明显差别，如因各种副反应的存在而导致支化结构的产生，其中支位置的分布、支链的长度等都会有差别。如果是共聚物，还需引入序列分布的变量。因此，高分子的这些基本性质其实都是宏观统计的结果。因此，无论从实验、理论还是工业生产上，带电高分子的凝聚态属于人们所知最少的体系之一。共轭高分子半刚性特征也使其难以用传统高分子结构理论模型与实验方法进行研究。针对生物大分子行为、三次采油、水的净化处理、太阳能光伏电池等领域的需求，特别是结合涉及国民经济的一些重大问题，中国的学者开展了带电荷和共轭高分子体系的基础研究。用于三次采油的聚电解质方面的进步可以提高油田石油采出率，大庆油田等利用该技术提高采油率约 10%。但是，因地下含盐量、盐离子种类、价态的不同等多种因素的变化，不同地区的油田需要使用不同的聚电解质才有可能实现提高采油率。目前一般的三次采油还只能使采油率提高到储量的 30% 左右，如果全国现有油田采油率再提高 1%，那将是一个非常可观的数量，足够全国用很长时间。

（一）高分子材料的定义

高分子材料即以高分子化合物为基础的材料。高分子材料是由相对分子质量较高的化合物构成的材料，包括橡胶、塑料、纤维、涂料、胶粘剂和高分子基复合材料，由千百个原子彼此以共价键结合形成相对分子质量特别大、具有重复结构单元的有机化合物。

高分子的分子量从几千到几十万甚至上百万，所含原子数目一般在几万以上，而且这些原子是通过共价键连接起来的。高分子化合物中的原子连接成很长的线状分子时，叫线型高分子（如聚乙烯的分子）。如果高分子化合物中的原子连接成网状时，这种高分子由于一般都不是平面结构而是立体结构，所以也叫体型高分子。

（二）高分子材料的结构特征

高分子材料的高分子链通常由 103 ~ 105 个结构单元组成，高分子链结构和许许多多高分子链聚在一起的聚集态结构形成了高分子材料的特殊结构。因而高分子材料除具有低分子化合物所具有的结构特性（如同分异构体、几何结构、旋光异构）外，还具有许多特殊的结构特征。高分子结构通常分为链结构和聚集态结构两个部分。链结构是指单个高分子化合物分子的结构和形态，所以链结构又可分为近程结构和远程结构。近程结构属于化学结构，也称一级结构，包括链中原子的种类和排列、取代基和端基的种类、结构单元的排列顺序、支链类型和长度等。远程结构是指分子的尺寸、形态，链的柔顺性以及分子在环境中的构象，也称二级结构。聚集态结构是指高聚物材料整体的内部结构，包括晶体结构、非晶态结构、取向态结构、液晶态结构等有关高聚物材料中分子堆积的情况，统称为三级结构。

（三）高分子材料的分类

高分子材料按原料分，可分为天然高分子材料、半合成高分子材料（改性天然高分子材料）和合成高分子材料。天然高分子材料包括纤维素、蛋白质、蚕丝、香蕉、淀粉等。合成高分子材料为以高聚物为基础的各种塑料、合成橡胶、合成纤维、涂料以及黏结剂等。

（四）生活中的高分子材料

生活中的高分子材料很多，如蚕丝、棉、麻、毛、玻璃、橡胶、纤维、塑料、高分子胶粘剂、高分子涂料和高分子基复合材料等。

二、工程塑料

（一）工程塑料的主要特性

第一，质量轻、相对密度小。相对金属而言，工程塑料的相对密度一般在1.0~2.0，相当于钢铁的八分之一至四分之一，相当于铝的二分之一左右，使用工程塑料替代一些传统的金属材料做结构部件时，可以减轻自重，用于航空飞行器、车辆、船舶、运动器材等，在减少功耗、降低能耗等方面具有特殊的意义。

第二，较高的比强度。工程塑料用玻璃纤维或其他高强度的金属纤维、碳纤维和高分子材料纤维、非金属纤维增强，可以大大提高拉伸强度。拉伸强度与相对密度的比值，一般可达1500~1700以上。

第三，突出的耐磨和自润滑性能。用工程塑料制作摩擦零件，可以在干摩擦和各种液体、边界摩擦的条件下，正常工作，与耐磨金属合金相比，磨耗量低于五分之一。通常状况下，POM、PA和PC可以在无油润滑下正常工作，在添加固体润滑材料作为填料的制品中，可进一步提高耐磨特性。其中又以氟塑料尤佳。

第四，优良的机械性能。在较宽的温度范围内，许多工程塑料，尤其是增强的工程塑料，有优异的抗冲击和耐疲劳性能。

第五，优良的电绝缘性。

第六，化学稳定性能。

第七，优良的吸震、消声和对异物的埋没性能。

第八，较好的制件尺寸稳定性。

第九，有较高的耐热性。

第十，良好的加工性能。

（二）五大工程塑料的应用

1. 聚酰胺（PA）

聚酰胺由于它独特的低比重、高抗拉强度、耐磨、自润滑性好、冲击韧性优异、具有刚柔兼备的性能而赢得人们的重视，加之其加工简便、效率高、比重轻（只有金属的七分之一），可以加工成各种制品来代替金属，广泛用于汽车及交通运输业。典型的制品有泵叶轮、风扇叶片、阀座、衬套、轴承、各种仪表板、汽车电器仪表、冷热空气调节阀等零部件，大约每辆汽车消耗尼龙制品达3.6～4kg。聚酰胺在汽车工业的消费比例最大，其次是电子电气产业。

2. 聚碳酸酯（PC）

聚碳酸酯既具有类似有色金属的强度，同时又兼备延展性及强韧性，它的冲击强度极高，用铁锤敲击不能被破坏，能经受住电视机荧光屏的爆炸。聚碳酸酯的透明度又极好，并可施以任何颜色。由于聚碳酸酯的上述优良性能，已被广泛用作各种安全灯罩、信号灯，体育馆、体育场的透明防护板，采光玻璃，高层建筑玻璃，汽车反射镜、挡风玻璃板，飞机座舱玻璃，摩托车驾驶安全帽等的材料。用量最大的市场是计算机、办公设备、汽车、替代玻璃和片材，CD和DVD光盘是最有潜力的市场之一。

3. 聚甲醛（POM）

聚甲醛被誉为“超钢”，这是由于它具有优越的机械性能和化学性能，因此它可用作许多金属和非金属材料所不能胜任的材料，主要用作各种精密度高的小模数齿轮、几何面复杂的仪表精密件、自来水龙头及天然气管道阀门。中国使用聚甲醛于农业喷灌机械上，可以节省大量的铜材。

4. 聚对苯二甲酸丁二酯（PBT）

PBT是一种热塑性聚酯，非增强型的PBT与其他热塑性工程塑料相比，加工性能和电性能较好。PBT玻璃化温度低，模具温度在50℃时即可迅速结晶，加工周期短。聚对苯二甲酸丁二酯（PBT）被广泛应用于电子、电气和汽车工业中。由于其高绝缘性及耐温性PBT可用作电视机的回扫变压器、汽车分电盘和点火线圈、办公设备壳体和底座、各种汽车外装部件、空调机风扇、电子炉灶底座、办公设备壳件。

5. 聚苯醚（PPO）

PPO树脂具有优良的物理机械性能、耐热性和电气绝缘性，且吸湿性低，强度高，尺寸稳定性好，其高温下耐蠕变性是所有热塑性工程塑料中最优异的，可应用于洗衣机压缩机盖、吸尘器机壳、咖啡器具、头发定型器、按摩器、微波炉器皿等小型家电器具方面。改性聚苯醚还用于电视机部件、电传终点设备的连接器等方面。

（三）各种工程塑料特性和加工

1. POM 聚甲醛

（1）典型应用范围

POM 具有很低的摩擦系数和很好的几何稳定性，特别适合于制作齿轮和轴承。由于它还具有耐高温特性，因此还用于管道器件（管道阀门、泵壳体）、草坪设备等。

（2）注塑模工艺条件

①干燥处理，如果材料储存在干燥环境中，通常不需要干燥处理。

②熔化温度，均聚物材料为 190～230℃；共聚物材料为 190～210℃。

③模具温度，80～105℃。为了减小成型后收缩率可选用高一些的模具温度。

④注射压力，700～1200bar.

⑤注射速度，中等或偏高的注射速度。

⑥流道和浇口，可以使用任何类型的浇口。如果使用隧道形浇口，则最好使用较短的类型。对于均聚物材料建议使用热注嘴流道。对于共聚物材料既可使用内部的热流道也可使用外部热流道。

（3）化学和物理特性

POM 是一种坚韧有弹性的材料，即使在低温下仍有很好的抗蠕变特性、几何稳定性和抗冲击特性。POM 既有均聚物材料，也有共聚物材料。均聚物材料具有很好的延展强度、抗疲劳强度，但不易加工。共聚物材料有很好的热稳定性、化学稳定性并且易于加工。无论均聚物材料还是共聚物材料，都是结晶性材料并且不易吸收水分。POM 的高结晶程度导致它有相当高的收缩率，可高达 2%～3.5%。各种不同的增强型材料有不同的收缩率。

2. PA 塑料（尼龙）（聚酰胺）

（1）比重，PA6—1.14g/cm^3，PA66—1.15g/cm^3，PA1010—1.05g/cm^3。

（2）成型收缩率，PA6—0.8—2.5%，PA66—1.5—2.2%。

（3）成型温度，220～300℃。

（4）干燥条件，100～110℃12 小时。

（5）物料性能，坚韧，耐磨，耐油，耐水，抗酶菌，但吸水大；尼龙 6 弹性好，冲击强度高，吸水较大；尼龙 66 性能优于尼龙 6，强度高，耐磨性好；尼龙 610 与尼龙 66 相似，但吸水小，刚度低；尼龙 1010 半透明，吸水小，耐寒性较好。

(6) 成型性能

①结晶料，熔点较高，熔融温度范围窄，热稳定性差，料温超过300℃，滞留时间超过30min即分解。较易吸湿，须干燥，含水量不得超过0.3%。

②流动性好，易溢料。宜用自锁式喷嘴，并应加热。

③成型收缩范围及收缩率大，方向性明显，易发生缩孔、变形等。

④模温按塑件壁厚在20~90℃范围内选取，注射压力按注射机类型、料温、塑件形状尺寸、模具浇注系统选定，成型周期按塑件壁厚选定。树脂黏度小时，注射、冷却时间应加长，并用白油做脱模剂。

⑤模具浇注系统的形式和尺寸，增大流道和浇口尺寸可减少缩水。

适用于制作一般机械零件，减磨耐磨零件，传动零件以及化工、电器、仪表等零件。

3. PC聚碳酸酯

(1) 典型应用范围

电气和商业设备（计算机元件、连接器等），器具（食品加工机、电冰箱抽屉等），交通运输行业（车辆的前后灯、仪表板等）。

(2) 注塑模工艺条件

①干燥处理，PC材料具有吸湿性，加工前的干燥很重要。建议干燥条件为100℃到200℃，3~4h。加工前的湿度必须小于0.02%。

②熔化温度，260~340℃。

③模具温度，70~120℃。

④注射压力，尽可能地使用高注射压力。

⑤注射速度，对于较小的浇口使用低速注射，对其他类型的浇口使用高速注射。

(3) 化学和物理特性

PC是一种非晶体工程材料，具有特别好的抗冲击强度、热稳定性、光泽度、抑制细菌特性、阻燃特性以及抗污染性。PC的缺口伊估德冲击强度（Notched Izod Impact Stregth）非常高，并且收缩率很低，一般为0.1%~0.2%。PC有很好的机械特性，但流动特性较差，因此这种材料的注塑过程较困难。在选用PC材料时，要以产品的最终期望为基准。如果塑件要求有较高的抗冲击性，那么就使用低流动率的PC材料；反之，可以使用高流动率的PC材料，这样可以优化注塑过程。

4. PETG乙二醇改性—聚对苯二甲酸乙二醇酯（Glycol modified PET，Copolyesters）

（1）典型应用范围

医药设备（试管、试剂瓶等），玩具，显示器，光源外罩，防护面罩，冰箱保鲜盘等。

（2）注塑模工艺条件

①干燥处理，加工前的干燥处理是必需的。湿度必须低于0.04%。建议干燥条件为65℃、4h，注意干燥温度不要超过66℃。

②熔化温度，220~290℃。

③模具温度，10~30℃，建议为15℃。

④注射压力，300~1300bar。

⑤注射速度，在不导致脆化的前提下可使用较高的注射速度。

（3）化学和物理特性

PETG是透明的、非晶体材料。玻璃化转化温度为88℃。PETG的注塑工艺条件的允许范围比PET要广一些，并具有透明、高强度、高任性的综合特性。

5. 聚苯醚树脂PPO

（1）物理性能

比重，1.07g/cm^3，成型收缩率：0.3~0.8%，成型温度：260~290℃，干燥条件：130℃，4小时。

（2）物料性能

①为白色颗粒。综合性能良好，可在120℃蒸汽中使用，电绝缘性好，吸水小，但有应力开裂倾向。改性聚苯醚可消除应力开裂。

②有突出的电绝缘性和耐水性优异，尺寸稳定性好。其介电性能居塑料的首位。

③MPPO为PPO与HIPS共混制得的改性材料，目前市面上均为此种材料。

④有较高的耐热性，玻璃化温度211℃，熔点268℃，加热至330℃有分解倾向，PPO的含量越高其耐热性越好，热变形温度可达190℃。

⑤阻燃性良好，具有自息性，与HIPS混合后具有中等可燃性。质轻，无毒，可用于食品和药物行业。耐旋光性差，长时间在阳光下使用会变色。

⑥可以与ABS、HDPE、PPS、PA、HIPS、玻璃纤维等进行共混改性处理。

（3）应用方面

①适于制作耐热件、绝缘件、减磨耐磨件、传动件、医疗及电子零件。

②可制作较高温度下使用的齿轮、风叶、阀等零件，可代替不锈钢使用。

③可制作螺丝、紧固件及连接件。

④电机、转子、机壳、变压器的电器零件。

(4) 成型性能

①非结晶料，吸湿小。

②流动性差，为类似牛顿流体，黏度对温度比较敏感，制品厚度一般在0.8mm以上。极易分解，分解时产生腐蚀气体。宜严格控制成型温度，模具应加热，浇注系统对料流阻力应小。

③聚苯醚的吸水率很低，在0.06%左右，但微量的水分会导致产品表面出现银丝等不光滑现象，最好是做干燥处理，温度不可高出150℃，否则颜色会变化。

④聚苯醚的成型温度为280~330℃，改性聚苯醚的成型温度为260~285℃。

料筒温度喂料区40~60℃（50℃）。

区1：240~280℃（250℃）。

区2：280~300℃（280℃）。

区3：280~300℃（280℃）。

区4：280~300℃（280℃）。

喷嘴：低于料筒温度10℃左右。

熔料温度：270~290℃。

料筒恒温：200℃。

模具温度：80~120℃。

注射压力：100~140MPa（1000~1400bar）。

保压压力是注射压力的40%~60%。

背压：3~10MPa（30~100bar）。

注射速度有长流道的制品需要快速注射；但在此情况下，应确保模具有足够的通气性。

螺杆转速为中等螺杆转速，折合线速度为0.6m/s。

计量行程：（0.5~3.5）D。

残料量：3~6mm，取决于计量行程和螺杆直径。

预烘干：在110℃下烘干2h。

回收率：材料可再生加工，只要回料没有发生热降解。

收缩率：0.8%~1.5%。

浇口系统：对小制品使用点式或潜伏式浇口，否则采用直浇口或圆片式浇口；可采用热流道机器停工时段关闭加热系统；低螺杆背压状态下，操作几次计量循环，像操作挤出机一样清空料筒。

料筒设备：标准螺杆，止逆环，直通喷嘴。

6. PBT 聚对苯二甲酸丁二酯

（1）典型应用范围

家用器具，如食品加工刀片、真空吸尘器元件、电风扇、头发干燥机壳体、咖啡器皿等；电器元件，如开关、电机壳、保险丝盒、计算机键盘按键等；汽车工业，如散热器格窗、车身嵌板、车轮盖、门窗部件等。

（2）注塑模工艺条件

①干燥处理，这种材料在高温下很容易水解，因此加工前的干燥处理是很重要的。建议在空气中的干燥条件为120℃，6～8h，或者150℃，2～4h。湿度必须小于0.03%。如果用吸湿干燥器干燥，建议条件为150℃，2.5h。

②熔化温度，225～275℃，建议温度：250℃。

③模具温度，对于未增强型的材料为40～60℃。要很好地设计模具的冷却腔道以减小塑件的弯曲。热量的散失一定要快而均匀。建议模具冷却腔道的直径为12mm。

④注射压力，中等（最大到1500bar）。

⑤注射速度，应使用尽可能快的注射速度（因为PBT的凝固很快）。

⑥流道和浇口，建议使用圆形流道以增加压力的传递（经验公式：流道直径=塑件厚度+1.5mm）。可以使用各种形式的浇口。也可以使用热流道，但要注意防止材料的渗漏和降解。浇口直径应该在0.8～1.0t，这里t是塑件厚度。如果是潜入式浇口，建议最小直径为0.75mm。

（3）化学和物理特性

PBT是最坚韧的工程热塑材料之一，它是半结晶材料，有非常好的化学稳定性、机械强度、电绝缘特性和热稳定性。这些材料在很广的环境条件下都有很好的稳定性。PBT吸湿特性很弱。非增强型PBT的张力强度为50MPa，玻璃添加剂型的PBT张力强度为170MPa。玻璃添加剂过多地将导致材料变脆。PBT的结晶很迅速，这将导致因冷却不均匀而造成弯曲变形。对于有玻璃添加剂类型的材料，流程方向的收缩率可以减小，但与流程垂直方向的收缩率基本上和普通材料没有区别。一般材料收缩率在1.5%～2.8%。含30%玻璃添加剂的材料收缩率0.3%～1.6%，熔点（225℃）和高温变形温度都比PET材料要低，维卡软化温度大约为170℃，玻璃化转换温度（Glass Transition Temperature）在22℃～43℃。由于PBT的结晶速度很高，因此它的黏性很低，塑件加工的周期时间一般也较低。

7. PMMA（聚甲基丙烯酸甲酯）

（1）典型应用范围

汽车工业，如信号灯设备、仪表盘等；医药行业，如储血容器等；工业应用，如影碟、灯光散射器；日用消费品，如饮料杯、文具等。

（2）注塑模工艺条件

①干燥处理，PMMA具有吸湿性，因此加工前的干燥处理是必需的。建议干燥条件为90 ℃、2～4h。

②熔化温度，240～270℃。

③模具温度，35～70℃。

④注射速度，中等。

（3）化学和物理特性

PMMA具有优良的光学特性及耐气候变化特性。白光的穿透性高达92%，PMMA制品具有很低的双折射，特别适合制作影碟等。PMMA具有室温蠕变特性。随着负荷加大、时间增长，可导致应力开裂现象。PMMA具有较好的抗冲击特性。

三、防水材料

（一）高分子建筑防水材料发展

随着经济的迅速发展，中国的基础设施建设大量开展，防水技术对工程的使用性能有很重要的影响，尤其是在房屋建筑工程中（如屋面、卫生间、空中花园等），如果使用的防水材料质量达不到要求，就会降低建筑物的使用功能，给使用者带来诸多不便。国内外工程界对防水材料也越来越重视，防水材料已成为一个比较活跃的领域，且在工程界得到了较为广泛的应用。

（二）高分子建筑防水材料发展现状

高分子建筑防水材料是高分子建材中的一大类，包括高分子改性沥青防水卷材、高分子防水卷材、防水涂料、防水密封和堵漏材料。因为高分子防水材料具有优良的物理化学性能，广泛应用于住宅建筑和工商业建筑、水利工程和地下工程等建设中。

（三）高分子建筑防水材料最新进展

高分子灌浆材料是工程建设中的一项新技术，把由单体或低聚物等组成的浆液灌入工程所需处理的部位，经聚合、交联等化学反应生产高聚物，使被处理的部位形成整体，达到防渗、堵漏和加固的目的。随着现代大工业的发展，各种工程（特别是大坝坝基基础加固防渗、矿山与隧道的开凿、地铁开挖、楼房纠偏等）飞速兴建，对化学灌浆材料提出越来越高的要求；同时，由于高分子工业的发展，为各种新型灌浆材料的研制开拓了广阔的前景。

根据灌浆的目的和用途，高分子化学灌浆材料可分为两大类：一类为补强固结灌浆材料，如环氧树脂类灌浆材料、甲基丙烯酸酯类灌浆材料等；另一类为防渗固结灌浆材料，如丙烯酰胺类灌浆材料、木质素类灌浆材料、丙烯酸盐类灌浆材料等。高分子灌浆材料的初始强度小，浆材固结后强度大，其固化时间可以任意调节，使充填范围恰到好处，因此得到了迅猛发展。

经过半个多世纪的发展，中国的高分子灌浆材料从种类到质量，都已与国外现有的相差无几，并且都实现了工业化生产。但就材料本身而言，优缺点差异很大。

第一，环氧灌浆材料是热固性环氧树脂与固化剂在稀释剂和增韧剂等助剂配合下进行交联固化反应，生成体型网状结构。可以常温固化，固化后抗压和抗拉强度高，黏结能力强，能抵抗酸、碱、溶剂的侵蚀。其缺点一是黏度较大，难以灌入细微裂缝；二是其对含水或潮湿裂缝的黏结强度；三是固化时间长（几小时）。改性后的环氧灌浆黏度会有所降低。长江科学院研制的CW环氧灌浆，能灌入0.001mm的裂缝，曾成功应用于三峡工程，处理断层破碎带和泥化夹层，也曾应用在葛洲坝裂缝补强加固工程中。

第二，甲基丙烯酸甲酯类。浆材黏度低，可灌性好，能在低温下固化（-20℃），聚合体黏结强度大，适用于混凝土裂缝补强，特别是细裂缝的补强灌浆。但甲基丙烯酸甲酯浆液在聚合过程中，由于单体分子逐步组成聚合链，缩短了分子间的距离，引起体积收缩，造成聚合体与缝面的局部脱空，使平均强度降低，并且其缺口敏感度较大，更重要的是，甲基丙烯酸甲酯易燃。这些都限制了其在煤矿的使用。

第三，丙烯酰胺。有良好的渗透性（1.2mPa），固化时间可调（几秒至数小时），持久性强，其吸水后膨胀，有一定的强度，适用于止水。曾一度应用于隧道、大坝、矿井及地下工程的防渗堵漏等。广州南方剧院假山池堵水工程使用中化—656进行了施工，效果良好。但其凝胶体的抗压强度低，因此很少用于加固。尤其1974年日本福冈发生了丙烯酰胺灌浆引起环境污染并造成中毒事故后，丙烯酰胺的应用受到限制。后来国内宋平安等人采用水溶性氧化还原体系制备出了无毒水溶性的聚丙烯酰胺灌浆。丙烯酰胺遇明火易燃，影响其的使用。

第四，丙烯酸盐。为了应对丙烯酰胺的毒性问题，美国推出了以丙烯酸盐水溶液为主剂的AC—400来代替前者。两者性能相近，具有黏度低，耐热性好，黏着力强等优点，固化时间可在数秒到数小时范围内调节。可用于防水堵漏，在土木建筑方面，还可以作为接缝剂、水泥混合剂等。其缺点是固结体无弹性，不能做柔性补强。丙烯酸盐曾用于江西万安水电站、三峡工程挡水大坝坝基等防渗工程，效果显著。

第五，不饱和聚酯。具有较高的拉伸、弯曲、压缩强度，在室温下具有适宜的黏度，可以在室温下固化，并且固化过程中无小分子形成，因而施工方便。但其固化时体积收缩率大的缺陷，将造成聚合体与缝面的局部脱空。使平均强度降低，不能用于加固，并且其耐热性较差，易燃，热变形温度都在50～60℃。耐热性最好的也不超过120℃。

（四）高分子防水卷材

高分子防水卷材以合成树脂、合成橡胶或其共混体为基材，加入助剂和填充料，通过压延、挤出等加工工艺而制成的无筋或加筋的塑性可卷曲的片状防水材料，大多数是宽度1～2m的卷状材料，统称为高分子防水卷材。高分子防水卷材具有耐高、低温性能好，拉伸强度高，延伸率大，对环境变化或基层伸缩的适应性强，同时耐腐蚀、抗老化、使用寿命长、可冷施工、减少对环境的污染等特点，是一种很有发展前途的材料，在世界各国发展很快，现已成为仅次于沥青卷材的主体防水材料之一。

高分子卷材是一种新型防水材料。在建筑防水材料的几种主要产品类型中，改性沥青防水卷材从生产技术到应用技术都已相对成熟，现已进入比较稳定的发展时期。高分子防水卷材则不同，生产技术、产品品种、应用技术仍处于不断发展和完善之中。特别是防水领域的不断扩大，已不仅仅局限于建筑，在水利、市政工程等方面，显示比传统材料更为优越。如用高分子防水卷材对水库、水池、大型垃圾场、铁路等进行防水，在工业发达国家已十分普遍，并且被认为是最佳选择之一。

（五）建筑防水涂料及其应用技术

1. 聚合物防水涂料

聚氨酯防水涂料是中国使用最成功的防水涂料，包括煤焦油聚氨酯和纯聚氨酯两种。近几年，由于环保因素，煤焦油被限制使用，因此非煤焦油基的聚氨酯发展形势较快，如石油沥青基聚氨酯涂料等。聚氨酯防水涂料全国产量约3万吨，预计环保型涂料将会迅速取代煤焦油基聚氨酯防水涂料，特别是加入纳米材料的防水涂料将得到大力发展。丙烯酸乳液防水涂料是近几年发展较快的一种新型涂料，目前已发展的系列产品如丙烯酸外墙防水装饰涂料、丙烯酸屋面防水涂料和丙烯酸厨卫间墙防水涂料等系列弹性涂料。此外，一些企业还生产丙烯酸溶液。水泥复合型防水涂料、硅橡胶防水涂料用量不大，年销售量不过200t。

2. 改性沥青防水涂料

改性沥青防水涂料主要有阳离子氯丁乳胶沥青类、SBS改性沥青类、水乳再生胶沥青类、水性PVC煤焦油类，以阳离子氯丁乳胶沥青涂料使用最为普遍。

（六）建筑密封材料

中国建筑密封材料包括PVC油膏、沥青油膏以及聚硫、硅酮、聚氨酯、氯丁胶、丁基密封腻子、氯磺化聚乙烯等弹性密封膏。近几年，聚合物基密封膏有了较大的增长，估计销售总量已达3万t，约占建筑密封材料的45%，特别是硅酮密封膏增长最快。

1. 硅酮密封膏

硅酮密封膏得到快速发展，品种多样化，用于玻璃、幕墙、结构、石材、金属屋面、陶瓷面砖等领域。国内厂家的生产能力约3万t，销售量已达2万余t。

2. 聚硫密封膏

聚硫密封膏主要用于中空玻璃，在水利工程和墙板缝方面也有一定的使用。国内聚硫密封膏市场约为3000t，国产产品销售量约为2500t，约占80%。

3. 丙烯酸密封膏

丙烯酸密封膏多为乳胶型，年产量约在3000t。

4. 聚氨酯密封膏

双组分聚氨酯密封膏年销售量约为200t，单组分聚氨酯密封膏主要用于汽车工业，年销售量约为1000t。

就目前国内而言，高分子防水材料是一种发展速度较快的化学建材。目前，中国防水材料低性能品种较多，中、高性能产品市场占有率低；防水材料生产技术落后，引进生产线不少，但技术先进性不够，重复性多，改性沥青卷材仍以压延为主。中国高分子防水卷材中有不少是以废旧橡胶和废弃塑料为原料来生产，其性能当然较差。加快新型防水材料的研制，尤其是近年来所确定重点发展的防水材料，以满足中国的建筑防水行业需求。面临国内市场国际化、国际市场公平化的新形势，建筑防水市场竞争越来越激烈，外国的新型建筑防水材料和国内的假冒伪劣建筑防水材料大量冲击市场，这对防水企业来说，既是机遇，又是挑战。近年来，中国建筑防水虽然取得长足进步，但仍存在许多突出的问题，对比发达国家差距仍然较大，大部分原料品牌杂、非专用，性能指标差距大，劣质材料冒充正规原料，造成了防水材料质量低下；生产企业结构不合理，产品结构杂乱；生产装备、工艺水平存在较大差异，应用技术不配套；建筑防水市场混乱，有待进一步规范；推行防水工程质量保证期制度艰难。

因此，根据中国建筑防水材料的现状和存在的问题，考虑今后的市场需求量，吸取国外的先进经验，中国防水材料的技术路线应设计为大力发展改性沥青防水卷材，积极推进高分子防水卷材，适当发展防水涂料，努力开发密封材料，并注重开发止水、堵漏材料的硬质聚氨酯发泡防水保温一体化材料，逐步减少低档材料和相应提高各类中高档材料的比例，全面提高中国防水材料的总体水平；解决相应的生产装备、配套原材料和施工技术问题，减少建筑物的渗漏，保证防水工程使用期限的逐步提高；规范市场，改进管理体制，尽快实行防水工程质量保证期制度。

防水是建筑安全工作的核心。防水工程质量与设计、施工、材料三个方面都有密切关系。材料为基础，设计为前提，施工为关键。为了搞好建筑的防水工程，必须选择质量可靠的防水材料，做出合理的构造，并把好施工质量关。国家及政府相关部门应加大力度，出台有效政策，以保证建筑防水行业健康、快速、全面发展。高分子防水材料质量轻、强度高、低能耗、多功能，可用于单层防水，且在弹性极限范围内使用时有优良的回弹性，并且色彩丰富，可以美化环境。因此，随着高分子建筑防水材料品种的增加，价格的下降，以及轻钢结构建筑的普及，防水材料的更新换代势在必行，高分子建筑防水材料将会有广阔的发展前景。

第五节　绿色建筑材料与环境

一、建筑材料与生态

（一）建筑材料的发展与人类生存环境的变化

建筑材料是人类从事建设活动的物质基础，直接影响建筑或构筑物的性能、功能、寿命和经济成本，从而影响人类生活空间的安全性、方便性和舒适性。因此，长期以来人类一直在从事着建筑材料的性能研究工作，并不断地开发新材料。但是这些研究开发工作，多数是为了满足建筑物的承载安全尺寸规模、功能和使用寿命等方面的要求，以及人们对所构筑的生存环境的安全性、舒适性、方便性和美观性等更好的追求，而很少考虑到材料的生产和使用给生态环境、能耗等方面造成的影响。

在人类历史的进程中，建筑材料的进步伴随着生产力水平的提高，促进了建筑物尺寸规模的增大、结构形式的改变和使用功能的完善，建筑材料经历了从无到有、从天然材料的简单利用到工业化生产，从品种简单到多样化，性能不断改善，质量不断提高的历程，使我们的生活空间、生存环境变得越来越美好。

随着城市化进程的加快，城市人口密度日趋加大，城市功能日益集中和强化，因此需要建造高层建筑，同时为了满足人们日益丰富的品质生活，大型公共建筑的需求量也将增多，而要建造这样的大型、超高层建筑物，轻质高强型材料将会有更广阔的前景。随着人类对地下、海洋等苛刻环境的开发，材料的耐久性也是一个重要方面。

未来的建筑材料发展的内涵是“用新的工艺技术生产的具有节能、节土、利废、保护环境特点和改善建筑功能的建筑材料”，例如，透明的绝缘材料、相变材料、纤瓷板、玻璃砖等。在国外，未来的建筑材料主要有三个观点，分别为删繁就简、贴近自然与强调环保，主要包括有益于人的身体健康，有益于环境，减少环境负荷。

中国未来的建筑材料发展主要有以下方向。

1. 必须树立可持续发展的生态建材观。

2. 要提高全民的环保意识，提倡生态化的建材。

3. 建立和完善建材业技术标准，加快实施标志认证制度。

4. 加强生态建材的研究和开发。

(5) 要做好技术的引进、消化和吸收工作。

(二) 建筑材料的生态影响因素

生态建筑材料从广义上讲，不是一种单独的建材产品，而是对建材“健康、环保、安全”等属性的一种要求，对原材料生产、加工、施工、使用及废弃物处理等环节，贯彻环保意识并实施环保技术，达到生态要求。

1. 建筑材料的生态特性

工业生态学是用系统的观点，系统中的早期地球的物质资源，生态系统，本演化的资源已成为一个限制因素，系统内相互作用，形成一个网络系统，其中的资源流动形式和浪费资源储量和环境废物容量约束的二级系统。生态系统的资源利用效率显著提高，但内部物质流是单向的，无法维持，理想的状态是一个系统的内部资源最大化，能够回收所有废旧材料。

2. 建筑材料生态标签和全生命周期的评估

国外（欧共体）对不同工业和加工过程中的产品都粘贴生态标签。生态标签的原则是让消费者明了这些生态建材产品在环境方面所具有的影响。产品在它们全生命周期阶段（从原材料采集到制造、使用和处置）都会影响环境。生态标签的体制意味着，以系统的方式提供所有环境信息，并为建材产品的功效分级提供基础，以使消费者可以在不同产品之间进行选择。

建筑材料和产品的生态标签，需要使用生命周期分析、影响评估、能量模式和环境审核等研究，以充分测量它们的生态影响。生命周期评估，是测量建筑材料“从摇篮到坟墓”的全部处置过程的有效工具。它的优点在于呈现了图景的整体式，还有它以概括和平衡的风格显示了影响方式。例如，根据生命周期评估，能量是一个考虑因素，但不是考虑的唯一因素；而且评估是从能量公式的两反面来体现，即实用中的消耗的能量和在处置时候可以提取的能量。

生命周期评价原则，是减少的不利影响，提高回收率，并根据最小生态损害使用材料。建筑设计应遵循生态原则（增加生物的丰富和多样性），减少对资源的影响。在一个成熟的生态系统，使资源可以连续循环；建筑设计应遵循相同的规则。生命周期评价原则可理解为人类活动是符合自然的工具。

在原则上，生命周期评估鼓励减少资源、材料、排放和垃圾的总吞吐量。像所有设计和生产的产品一样，建筑也是有生命周期的，生命周期的评估不仅是评估总体环境影响的一个有效方法，而且它作为一个工具，来预测不同设计所体现的生态效率。

（三）基于全生命周期下的建筑材料生态选择标准

1. 建筑材料定量生命周期评估

依靠这些标准，人们必须首先从生态学角度对建筑构造或各种可以替代的材料进行分析，并依据其对环境造成的影响对其进行量化。此外，可被量化评估的生态影响（如果是可验证并已知的）必须被进一步细化，并权衡其重要性。然后，人们调查出替代材料的价值，并最终列出社会—文化方面的要求。后者包括集中关注某一特定地区，以加强区域经济，使用者提出的一些建筑需求，或是与周围的环境融为一体。最终决策的得出是以把所有单独的结果总结到一起作为前提的，下列以 ISO 14042“影响评估”为基础的是生命周期评估标准中所列出的最重要的指标或影响类别，它们应被用于依据现有数据进行的评估中直接能源输入、所耗能源中可再生能源和不可再生能源之间的比率。

通常，对比评估中只包括材料使用过程中所必需的直接能源输入。不过，这种所谓的灰色能源应被进一步细分成可再生形式和不可再生形式的能源，以便区分出环保型和非环保型的生产途径。

此外，ISO 14042 规定指出，整个生命周期所需的能源，包括任何有可能回收的能源，都可被用作“累积能源输入”。建筑使用周期所需要的能量通过假设或设计方案得出。

在进行综合量化评估的过程中，直接能源输入包括在借助能量产生所引起的环境效应而进行的评估过程。

（1）全球变暖潜能。

（2）臭氧层损耗潜能。

（3）酸化潜能。

（4）富营养化潜能或营养化潜能。

（5）反应活性当量。

（6）（可再生原料的）二氧化碳储量。

（7）空间需求量。

由于数据比较复杂，描述生产过程中毒性大小的指标（这些指标同样是为生命周期评估标准规定的）大多数情况下只被用于重要的单项评估。简单地说，在必要的物质提取和生产过程中（有可能的话），也包括使用和处理过程，其各个单项步骤都在 ISO 14040 量化生命周期评估范围内得到了描述。需要对比的产品单元在功能上必须完全吻合。

以这种方法得出的输入—输出分析被称作生命周期创新分析。在任何可能的情况下，前述各类影响的单项记录只会被总结到一起（效果评估）。预计可以使用80或100年的建筑组件或单独的建筑组件层的更新周期会被当作一个因素计算出来，并且会根据效果评估的结果乘以一定的倍数。

根据情况的不同，人们会依据后果的严重性，各变量间的相对比较结果或是与现存环境负担（与目标之间的距离）相关的影响的重要性把所定的指标计算出来。后者的评估原则往往是通过几个指标进行生命周期评估之后得出的。这尤为重要。

2．建筑材料生态运用中的定性环境影响

我们进行总体评价时，无数种基本上得到了普遍认可但却有害的环境影响类别之中，部分由于它们之间的关系还完全没有被人们所理解。除了上面提到的生命周期评估的运算结果之外，还要从定性的角度对其进行考察。其中包括对生态系统造成的无法挽回的损失或毁坏、生产和处理过程中所需要的基础设施、维护工业流程和工业加工阶段的范围所需的监管工作、中间产物的潜在危险以及回收利用的可能性。

进行定性逻辑思考的一个典型例子是避免使用从热带雨林过度砍伐得来的木材，这种做法是值得提倡的。毁坏生态系统所造成的损失难以估量，因此颁布了适当的禁令，或者出示可持续木材砍伐凭证，便是基于定性评价做出的环保决策。

即使在形成了一套全面的生命周期评估之后，评估的结果也未必可以适用于所有的项目或地区。我们必须对每个具体的案例进行检验，以确定其中具体的影响是否发挥着重要的作用。

3．建筑材料中成本比例与细部设计

（1）成本比例

对建筑成本进行对比通常是借助众所周知的成本预测、成本评估和成本控制方法进行的。成本对比问题的关键在于预测使用成本，因为这需要人们清楚维护和翻新过程中预计要投入多少资金。人们可以利用几种以DIN 276成本细目为基础制定出来的计算机辅助方法。不过，这并不意味着人们可以任意处理建筑组件或建筑层的耐久性（在优化可持续性过程中）。这些包括使用成本和处理、拆除成本在内的成本统称为生命周期成本。为了配合人们协调各种方法并开发出建筑的可持续性指标，一种对建筑组件和产品的质量耐久性进行动态预测的方法正在开发过程中。

（2）细部设计

细部设计是以节省材料、尽量减少环境影响为目的的产品和加工过程的选择方法，建筑基础设施（电、冷、热水、供暖）规划，通过优化组合卫生区和储物区、服务通道和供给线，达到节省材料的目的。

①选择有多重用途的耐用、可修复的组件，以减少使用期间的改装和更新工作。

②在建筑过程中始终秉承回收利用这一理念，使用那些可以借助机器将其分离开来的可分解组件层或是统一质地的材料构件。

它的质量保证包括对耐久性进行优化就是一条重要标准，第二条标准是如何从技术和构造角度弥补可能有特殊荷载集中和不同材料身上潜伏的具体危险所导致的损失，第三条标准则是关于建筑组件连接部分的可拆卸问题，因此也关系到可修复性和进行局部更新的问题。

二、建筑材料的可持续利用

（一）建筑材料资源再利用与再循环工程技术

1. 木质建材

木质建材要比其他以森林资源为原料的材料（例如纸），使用寿命明显要长，碳元素一旦被存储就能够长期保存。同时，由于木材的材料特点，大部分从旧建筑上拆解下来的木材经过车床或工人的简单物理加工（如拔除钉子、去除腐朽部位、重新造型等）即可再行利用，且这种木材比新近生产的木材在本地环境中材性更佳。将拆解下来的木材尽量保持原有的形态进行再利用，其意义在于不轻易废弃经年累月才得以去除水分而得到的干燥木材；并且不轻易使树木存储下来的碳元素返回大气中，使被富集的自然资源不轻易进入自然环境中人类的主动行为较难影响的范围。

如果进行材料的再循环，则能够生产纤维板或造纸等，其中碳元素的存储量仍旧足够大于其生产过程中所排出的碳元素量。如果拆除的木材其性质已不能继续参与材料系统内部的循环，则可将经测定不含防腐、防火药剂和油漆等有害物质的木屑、碎木等作为燃料或堆肥使用，使其中的碳元素回到大气中，重新参与固碳过程。

废木料可与黏土、水泥混合，生产特殊的混凝土。该种混凝土与普通混凝土相比，具有材质轻、导热系数小等优点，可作为绝热材料使用。由于废木料的掺入降低了复合材料的毛细作用，该复合材料的耐久和导热性能受湿度的影响均较小。

2. 混凝土材料

混凝土材料拆解后，将废弃混凝土块经过一系列基于混凝土再生技术的破碎、清洗、尺寸分级后，按一定的尺寸比例混合形成再生骨料，部分或全部替代天然骨料而配制成新的混凝土，用于道桥、建筑等土木工程的建造。

再生骨料表面粗糙，棱角较多，并且骨料表面还包裹着相当数量的水泥砂浆，再加上混凝土块在解体、破碎过程中由于损伤累积使再生骨料内部存在大量微裂纹，这些因素都使再生骨料的吸水率和吸水速率增大，这对配制再生混凝土是不利的。但再生骨料混凝土拌和物密度小，和易性低，使其保水性与黏聚性增强，对于降低建筑物自重，提高构件跨度有利。

将再生粗骨料应用于喷射混凝土，具有回弹率较小、荷载在压应力—应变曲线的后峰值部分缓慢地和比较平稳地下降以及在压应力—应变曲线的后峰值部分的变形能力和延性较大。再生骨料在这一方面的利用前景广阔。此外还有较少量的废弃混凝土经破碎筛选后，装入钢丝笼内，取代石材用于水工工程或景观工程，也取得了良好的效果。

3. 钢铁材料

钢铁材料的循环利用成型较早，目前在实际中的产业体系也较为成熟。不需要的钢材制品被作为有价物回收，再经由废料加工行业熔融后加工成为商品。建筑拆解所产生的型钢与钢筋主要通过切割机被切割到一定大小、经过磁石筛选就成了大型材。大型材的废料含有杂质较少，而表面附着混凝土的钢筋在电炉中处理难度较大。回收的钢铁材料中由于混入了各种杂质，致使其品质稳定性较差，Cu、Sn、Mo、Ni 等元素一旦混入钢铁中就很难再从中去除，所以废旧金属的回收再利用需要采用特定仪器对其成分进行确定，确保对大量繁杂多样的合金种类及材料品质能够进行现场快速准确的分析检测。为购销双方在原材料交易时做出迅速、可靠的判定，并提供必要的信息。

4. 废旧砖瓦

废旧砖瓦经长期使用后，矿物成分和形态基本保持稳定，使其存在被继续利用的基础与价值。

砌体建筑在简单的机械拆解后，其中的砌块经过人工分拣与砂浆残留物的去除后被再利用于要求不高的墙体砌筑，是最为常见的再利用方式。

利用废砖替代部分骨料生产混凝土或混凝土砌块时，对混凝土和易性影响较大，并且其强度远远低于其他类型混凝土，应用范围有一定限制；但作为耐热混凝土粗骨料使用时，混凝土经高温灼烧后表面不产生龟裂，较为理想。

此外，废砖瓦也可经粉化后用作免浇砌筑水泥原料或再生砖瓦的原材料。

5. 回收的沥青屋面废料

回收的沥青屋面废料可用作生产热拌沥青和填补路面坑洞的冷拌材料，由此可以减少纯净沥青和沥青中骨料的使用，同时沥青屋面中所含有的纤维材料有助于提高热拌沥青的性能，减少路面变形与开裂。一般高等级公路热拌沥青路面中沥青屋面废料的掺入率为5%，而低等级道路的热拌沥青路面中沥青屋面废料的掺入率则可达10%～15%。

（二）新型建筑材料的可持续发展

1. 中国建筑节能现状

中国建筑节能工程的发展，使能源节约理念在建筑施工中得到有效的落实。在建筑施工中，进一步控制建筑节能的范围，通过选取更具节能性质的材料以降低建筑工程中的能源消耗量，并保证建筑工程的施工质量。建筑节能还对建筑工程的设计提出了一定要求，为有效减少工程的能源利用量，更为科学地设计建筑的结构，通过科学合理地设计集中建筑支持能量，以有效减少能量散失，进而实现建筑工程的节能建设。由于中国建筑节能技术尚未得到完全普及，因此中国建筑能源消耗仍处于较高水平，中国建筑节能工作的进一步开展也面临巨大挑战。

2. 新型建筑材料利用

新型建筑材料的应用也就是对新型能源的开发利用，在中国建筑结构的节能设计中，新能源的开发利用主要强调太阳能与建筑结构的有机结合，通过将太阳能装置应用到建筑结构的取暖和发电等领域中，实现建筑设计中新能源的有效开发与利用。不同太阳能装置的结构与功能是不同的，所以在建筑节能工程的设计中，针对不同的太阳能装置要采用针对性建设方案。建筑设计中新能源利用的主要方式包括太阳能热水器、太阳能发电以及太阳能空调等。

太阳能热水系统的原理是通过特殊材质吸收太阳光能量，并在热交换器的作用下将吸收的光能转化为热能，进而实现对太阳能热水器中水体的加热。由于太阳能热水器的运行不需要投入任何运行费用，因此在学校、医院以及政府部门的建筑设计中通常受到广泛利用。太阳能热水系统与建筑结构的结合方式主要包括设备的固定安装和管道的搭建两种，太阳能设备的固定安装是指在建筑结构的屋顶安装固定的太阳能热水器，使热水器成为建筑结构的组成部分，在有新住户入住时，能够直接使用太阳能热水器，无须对装置进行处理与改动。而在管道搭建式太阳能热水器的建设中，一旦住户搬迁，就会带走太阳能热水器，新住户到来则需要重新安装太阳能热水器，需要在墙壁和地板上重新开孔并施工，重新安装热水器。由于此种安装方式会在一定程度上对建筑结构的稳定性造成影响，因此在太阳能热水器的实际应用中多采用前一种方式。

太阳能光伏发电技术的发展有力推动了中国建筑工程发展中新能源技术的开发与应用。太阳能光伏发电过程是通过利用太阳能电池方阵将太阳辐射能直接转化为电能的过程，伴随着中国太阳能电池技术的不断成熟，其在建筑工程中的应用也日渐普及。在建筑结构中安装太阳能发电装置，首先要在屋顶铺设光伏组件，进而将光伏组件的引出端接在太阳能发电装置的控制端，通过控制光伏转化速率实现对太阳能发电装置的有效控制。伴随着建筑工程开展中新能源利用效率的不断提高，太阳能发电装置的光伏组件的形态发展将会更加注重建筑结构的一体化，通过在建筑结构中添加光伏涂层，让太阳能发电设备更具观赏性，也有效保证了建筑工程中新能源的利用效率。

（三）绿色建筑材料的可持续发展

1. 绿色建材

（1）绿色建材的概念

绿色建材的含义相当宽，又称为可持续发展建筑材料或生态环境材料。目前还没有一个确切的定义，但总的来说是指资源、能源消耗少，并且有利于健康，可提高人类生活质量且与环境相协调的建筑材料。

（2）绿色建材的特征

绿色建材与传统建材比较具备如下的特征。

①采用低能耗制造工艺和不污染环境的清洁生产技术。

②在产品生产过程中，不使用甲醛等有害物质，不使用铅等添加剂。

③产品设计以改善生活环境，提高生活质量为宗旨，如具有抗菌、防霉、阻燃、除臭、消磁、防射线等功能的新材料产品。

（3）绿色建材发展的必要性

新的消费观念，推动着全球进入一个新的绿色时代，在全球环境保护、维护生态浪潮的冲击下，21 世纪的消费观念更加注重保健、强身健体延年益寿，更加崇尚回归自然。大多数人有 90% 的时间都在室内度过，老人和儿童在室内度过的时间更长。

人们对建筑材料及产品的性能和指标开始提出更高的要求，希望能使用对人体无害甚至有益的“绿色建材”。同时，绿色建材是实现建材工业可持续发展的保证；发展绿色建筑必须从绿色建材做起；发展绿色建材对于建设节约型社会具有重要意义。绿色建材的发展，是一个完整的系统，必须从产品的设计、生产、标准、评价、认证、应用，建立起完整的体系，并在政策上对绿色建材产品体系的建立给予必要的支持。

2. 绿色建筑材料的可持续发展要遵循的理念

（1）因地制宜，遵循客观规律

了解城市的生态承载力，追求生态平衡是我们的目标，目标的实现必须符合事物发展的客观规律。促进生态环境建设和循环经济的发展离不开可再生资源以及相应法律法规的导向作用，由于城市的各种生态因子和城市功能要求不同，因此所构建的城市形态也是千差万别，在建筑设计中应根据建筑所在的气候特点，挖掘和提升乡土的材料与技术，制定相应策略，创建节材节能的人居环境。

（2）开展绿色建材的探索性研究

建立中国绿色建材的研究和开发体系，编制绿色建材近期与长期发展计划，建立绿色建材数据库，开展评价技术的研究。绿色建材是指采用清洁生产技术，少用天然资源和能源，大量使用工业或城市固态废物生产的无毒害、无污染、无放射性，有利于环境保护和人体健康的建筑材料。

（3）具体问题具体分析

了解绿色建材的使用功能以及做好明确可量化的材料评价指标。中国目前已开发的“绿色建材”有纤维强化石膏板、陶瓷、玻璃、管材、复合地板、地毯、涂料、壁纸等。如“防霉壁纸”，经过化学处理，排除了发霉、起泡滋生霉菌的现象。“环保型内外墙乳胶漆”不仅无味、无污染，还能散发香味，并且可以洗涤、复刷等。“环保地毯”既能防腐蚀、防虫蛀，又具有防止阴燃的作用。“复合型地板”是用天然木材，经进口漆表面处理而制成，具有防蛀、防霉、防腐、防燃、不变形等特点。

3. 绿色建材的评价指标体系分为两类

（1）单因子评价体系

一般用于卫生类评价指标，包括放射性强度和甲醛含量等。在这类指标中，有一项不合格就不符合绿色建材的标准。

（2）复合类评价指标

包括挥发物总含量、人类感觉试验、耐燃等级和综合利用指标。在这类指标中，如果有一项指标不好，并不一定会排除出绿色建材范围。

大量研究表明，与人体健康直接相关的室内空气污染主要来自室内墙面、地面装饰材料以及门窗和家具制作材料等。这些材料中VOC、苯、甲醛、重金属等的含量及放射性强度均会损害人体健康的，损害程度不仅与这些有害物质含量有关，而且与其散发特性即散发时间有关，因此绿色建材测试与评价指标应综合考虑建材中各种有害物质含量及散发特性，并选择科学的测试方法，确定明确的可量化的评价指标。

4. 绿色建材的可持续发展

长期以来中国建材工业的发展在很大程度上是以能源、资源的过度消耗和环境污染为代价的。因此提高资源综合利用率，搞好环境保护是建材工业转变经济增长方式的必然要求和重要环节。

（1）加快建材企业的技术改造和现代化建设

采用新技术、新工艺改造传统产业与老企业，对技术落后、污染严重的小企业要予以淘汰。建材行业中落后的企业占多数，因此加快技术改造和现代化的步伐，建立绿色建材工厂是促进建材工业发展与保护环境的主要途径。

（2）研究开发大量利用废渣的高技术

地球上使用量最多的建材原料是黏土、石灰石、砂石。中国每年开采亿吨以上，而工业废渣和生活垃圾每年的产出量也达到了亿吨。因此如能利用大部分废渣对地球环境来说就是一个重大贡献。但目前每年只能处理和使用一部分废渣。主要原因是用废渣做原料的墙体材料质量和稳定性不够好，使用推广上受到很大限制。因此要解决烧结和不烧结的两种产品问题提高质量和大量利用废渣的新技术以减少环境负担。

（3）开发研究节能建材和太阳能建材

全国采暖年能耗亿吨标准煤，比发达国家高倍外墙传热系数高很多倍。因此首先解决传热系数小的墙体材料。如空心砖、保温复合板以及植物纤维复合板、多孔板等建筑节能材料。

（4）开发研究抗菌、吸臭和健康型建材

美国环保局的测试结果表明环境污染最严重的地方不是工厂也不是马路，而是居室。居室内的细菌含量比室外高。人类一半以上的时间在室内度过，人们居住密集更需要经常保护和改善室内小环境。为了创造人类健康和长寿的小环境开发抗菌材料、吸臭材料和有利于健康的材料对环境也有直接意义。建议开发光催化抗菌材料、远红外健康功能材料等。目前国际上已开发了有抗菌性能并无毒的乳胶漆、涂料、抗菌面砖和卫生陶瓷等。

第三章　基于绿色视角的建筑工程施工

第一节　地基与基础工程施工

一、地基与基础工程绿色施工简介

基础工程施工一般规定桩基施工应选用低噪、环保、节能、高效的机械设备和工艺，如采用螺旋、静压、喷式等成桩工艺，以减少噪声、振动、大气污染等对周边环境的影响。地基与基础工程施工时，应识别场地内及周边现有的自然、文化和建（构）筑物特征，并采取相应保护措施。场内若发现文物时，应立即停止施工，派专人看管，并通知当地文物主管部门。应根据气候特征选择施工方法、施工机械，安排施工顺序，布置施工场地。基础工程涉及的混凝土结构、钢结构、砌体结构工程应按主体结构工程的有关要求，如现场土、料存放应采取加盖或植被覆盖措施，土方、渣土装卸车和运输车应有防止遗撒和扬尘的措施，对施工过程产生的泥浆应设置专门的泥浆池或泥浆罐车存储。

土石方工程开挖前应进行挖、填方的平衡计算，在土石方场内应有效利用、运距最短和工序衔接紧密。土石方工程开挖宜采用逆作法或半逆作法进行施工，施工中应采取通风和降温等改善地下工程作业条件的措施。在受污染的场地进行施工时，应对土质进行专项检测和治理。土石方工程爆破施工前，应进行爆破方案的编制和评审；应采取防尘和飞石控制措施。防尘和飞石控制措施包括清理积尘、淋湿地面、外设高压喷雾状水系统、设置防尘排栅和直升机投水弹等。4 级风以上天气，严禁土石方工程爆破施工作业。

在桩基工程中，成桩工艺应根据桩的类型、使用功能、土层特性、地下水位、施工机械、施工环境、施工经验、制桩材料供应条件等，按安全适用、经济合理的原则选择。混凝土灌注桩施工应符合下列规定：灌注桩采用泥浆护壁成孔时，应采取导流沟和泥浆池等排浆及储浆措施，施工现场应设置专用泥浆池，并及时清理沉淀的废渣。工程桩不宜采用人工挖孔成桩，当特殊情况采用时，应采取护壁、通风和防坠落措施。在城区或人口密集地区施工混凝土预制桩和钢桩时，宜采用静压沉桩工艺。静力压桩宜选择液压式和绳索式压桩工艺。工程桩桩顶剔除部分的再生利用，应符合现行国家标准《工程施工废弃物再生利用技术规范》的规定。

地基处理工程换填法施工应符合下列规定。

第一，回填土施工应采取防止扬尘的措施，4 级风以上天气严禁回填土施工。施工间歇时应对回填土进行覆盖。

第二，当采用砂石料作为回填材料时，宜采用振动碾压。

第三，灰土过筛施工应采取避风措施。

第四，开挖原土的土质不适宜回填时，应采取土质改良措施后加以利用。如对具有膨胀性土质地区的土方回填，可在膨胀土中掺入石灰、水泥或其他固化材料，令其满足回填土土质要求，从而减少土方外运，保护土地资源。

地基处理工程在城区或人口密集地区，不宜使用强夯法施工。高压喷射注浆法施工的浆液应有专用容器存放，置换出的废浆应收集清理。采用砂石回填时，砂石填充料应保持湿润。基坑支护结构采用锚杆（锚索）时，宜采用可拆式锚杆。喷射混凝土施工宜采用湿喷或水泥裹砂喷射工艺，并采取防尘措施。喷射混凝土作业区的粉尘浓度不应大于 10 mg/m^3，喷射混凝土作业人员应佩戴防尘用具。

在地下水控制方面，基坑降水宜采用基坑封闭降水方法。施工降水应遵循保护优先、合理抽取、抽水有偿、综合利用的原则，宜采用连续墙、“护坡桩+桩间旋喷桩”“水泥土桩+型钢”等全封闭帷幕隔水施工方法，隔断地下水进入基坑施工区域。基坑施工排出的地下水应加以利用。基坑施工排出的地下水可用于冲洗、降尘、绿化、养护混凝土等。采用井点降水施工时，轻型井点降水应根据土层渗透系数合理确定降水深度、井点间距和井点管长度；地下水位与作业面高差宜控制在 250 mm 以内，并应根据施工进度进行水位自动控制；在满足施工需要的前提下，尽量减少地下水抽取。当无法采用基坑封闭降水，且基坑抽水对周围环境可能造成不良影响时，应采用对地下水无污染的回灌方法。

二、地基与基础工程绿色施工综合技术

（一）深基坑双排桩加旋喷锚桩支护的绿色施工技术

1. 双排桩加旋喷锚桩技术适用条件

双排桩加旋喷锚桩基坑支护方案的选定须综合考虑工程的特点和周边的环境要求，在满足地下室结构施工以及确保周边建筑安全可靠的前提下尽可能地做到经济合理，其适用

于如下情况。(1)基坑开挖面积大，周长长，形状较规则，空间效应非常明显，尤其应慎防侧壁中段变形过大。(2)基坑开挖深度较深，周边条件各不相同，差异较大，有的侧壁比较空旷，有的侧壁条件较复杂；基坑设计应根据不同的周边环境及地质条件进行设计，以实现“安全、经济、科学”的设计目标。(3)基坑开挖范围内如基坑中下部及底部存在粉土、粉砂层，一旦发生流沙，基坑稳定将受到影响。

2. 双排桩加旋喷锚桩支护技术

(1)钻孔灌注桩结合水平内支撑支护技术。水平内支撑的布置可采用东西对撑并结合角撑的形式布置，该技术方案对周边环境影响较小，但该方案有两个不利问题，一是没有施工场地，考虑工程施工场地太过紧张因素，若按该技术方案实施则基坑无法分块施工，周边安排好办公区、临时道路等基本临设后，已无任何施工场地；二是施工工期延长，内支撑的浇筑、养护、土方开挖及后期拆撑等施工工序均增加施工周期，建设单位无法接受。

(2)单排钻孔灌注桩结合多道旋喷锚桩支护技术。锚杆体系除常规锚杆外，还有一种比较新型的锚杆形式叫加筋水泥土锚桩。加筋水泥土是指插入加劲体的水泥土，加劲体可采用金属的或非金属的材料。该桩锚采用专门机具施作，直径为 200 ~ 1000 mm，可为水平向、斜向或竖向的等截面、变截面或有扩大头的锚桩体。加筋水泥土锚桩支护是一种有效的土体支护与加固技术，其特点是钻孔、注浆、搅拌和加筋一次完成，适用于砂土、黏性土、粉土、杂填土、黄土、淤泥、淤泥质土等土层中的基坑支护和土体加固。加筋水泥土锚桩可有效解决粉土、粉砂中锚杆施工困难问题，且锚固体直径远大于常规锚杆锚固体直径，所以可提供的锚固力大于常规锚杆。该技术可根据建筑设计的后浇带的位置分块开挖施工，场地有足够的施工作业面，并且相比内支撑可节约一定的工程造价。该技术不利的一点是若采用单排钻孔灌注桩结合多道旋喷锚桩支护形式，加筋水泥土锚桩下层土开挖时，上层的斜锚桩必须有 14 天以上的养护时间并已张拉锁定，多道旋喷锚桩的施工对土方开挖及整个地下工程施工会造成一定的工期影响。

(3)双排钻孔灌注桩结合一道旋喷锚桩支护技术。为满足建设单位的工期要求，须减少锚桩道数，但锚桩道数减少势必会减少支点，引起围护桩变形及内力过大，对基坑侧壁安全造成较大的影响。双排桩支护形式前后排桩拉开一定距离，各自分担部分土压力，两排桩桩顶通过刚度较人的压顶梁连接，由刚性冠梁与前后排桩组成一个空间超静定结构，整体刚度很大，加上前后排桩形成与侧压力反向作用力偶的原因，使双排桩支护结构位移相比单排悬臂桩支护体系而言明显减少，但纯粹双排桩悬臂支护形式相比锚桩支护体系变形较大，且对于深11 m基坑很难有安全保证。

综合考虑，为了既加快工期又保证基坑侧壁安全，采用双排钻孔灌注桩结合道旋喷锚桩的组合支护形式。

（二）基坑支护设计技术

1. 深基坑支护设计计算

双排钻孔灌注桩结合一道旋喷锚桩的组合支护形式是一种新型的支护形式，目前该类支护形式的计算理论尚不成熟，根据理论计算结果，结合等效刚度法和分配土压力法进行复核计算，以确保基坑安全。

（1）等效刚度法设计计算。等效刚度法理论基于抗弯刚度等效原则，将双排桩支护体系等效为刚度较大的连续墙，这样双排桩+锚桩支护体系就等效为连续墙+锚桩的支护形式，采用弹性支点法计算出锚桩所受拉力。例如，前排桩直径0.8m，桩间净距0.7 m，后排桩直径0.7 m，桩间净距0.8 m，桩间土宽度1.25 m，前后排桩弹性模量为$3\times10^4 N/m^2$。经计算，可等效为2.12 m宽连续墙，该计算方法的缺点在于没能将前后排桩分开考虑，因此无法计算前后排桩各自的内力。

（2）分配土压力法设计计算。根据土压力分配理论，前后排桩各自分担部分土压力，土压力分配比根据前后排桩桩间土体积占总的滑裂面土体体积的比例计算，假设前后排桩排距为L，土体滑裂面与桩顶水平面交线至桩顶距离为L_0，则前排桩土压力分配系数a_r = $2L/L_0-(L/L_0)^2$。将土压力分别分配到前后排桩上，则前排桩可等效为围护桩结合一道旋喷锚桩的支护形式，按锚桩支护体系单独计算。后排桩通过刚性压顶梁与前排桩连接，因此后排桩桩顶有一个支点，可按围护桩结合一道支撑计算，该方法可分别计算出前后排桩的内力，弥补等效刚度法计算的不足，基坑前后排桩排距2 m，根据计算可知，前（后）排桩分担土压力系数为0.5。

通过以上两种方法对理论计算结果进行校核，得到最终的计算结果，进行围护桩的配筋与旋喷锚桩的设计。

（3）基坑支护设计。基坑支护采用上部放坡2.3 m+花管土钉墙，前后排排距2 m，双排桩布置形式采用矩形布置，灌注桩及压顶冠梁与连梁混凝土设计强度等级均为C30地下水的处理方案。

旋喷锚桩的直径为Φ500，长24 m，内插3或4根Φ15.2钢绞线，钢绞线端头采用50×10钢板锚盘，钢绞线与锚盘连接采用冷挤压方法，注浆压力为29 MPa，向下倾斜15°/25°交替布置，设计抗拉力为58÷1.625=35.69 MPa。

在双排钻孔灌注桩顶用刚性冠梁连接，由冠梁与前后排桩组成一个空间门架式结构体系，这种结构具有较大的侧向刚度，可以有效地限制支护结构的侧向变形，冠梁须具有足够的强度和刚度。

（4）支护体系的内力变形分析。基坑开挖必然会引起支护结构变形和坑外土体位移，在支护结构设计中预估基坑开挖对环境的影响程度并选择相应措施，能够为施工安全和环境保护提供理论指导。

2. 基坑支护绿色施工技术

（1）钻孔灌注桩绿色施工技术。基坑钻孔灌注桩混凝土强度等级为水下C30，压顶冠梁混凝土等级C30，灌注桩保护层为50 mm；冠梁及连梁结构保护层厚度30 mm；灌注桩沉渣厚度不超过100 mm，桩位偏差不大于100 mm，桩径偏差不大于50 mm，桩身垂直度偏差不大于1200 mm。钢筋笼制作应仔细按照设计图纸避免放样错误，并同时满足国家相关规范要求。灌注桩钢筋采用焊接接头，单面焊10 d，双面焊5 d，同一截面接头不大于50%，接头间相互错开35 d，坑底上下各2 m范围内不得有钢筋接头。为保证粉土、粉砂层成桩质量，施工时应根据地质情况采取优质泥浆护壁成孔、调整钻进速度和钻头转速等措施，或通过成孔试验确保围护桩跳打成功。

灌注桩施工时应严格控制钢筋笼制作质量和钢筋笼的标高，钢筋笼全部安装入孔后，应检查安装位置特别是钢筋笼在坑内侧和外侧配筋的差别，确认符合要求后，将钢筋笼吊筋进行固定，固定必须牢固、有效。混凝土灌注过程中应防止钢筋笼上浮和低于设计标高。因为本工程桩顶标高负于地面较多，桩顶标高不容易控制，灌注过程将近结束时安排专人测量导管内混凝土面标高，防止桩顶标高过低造成烂桩头或灌注过高造成不必要的浪费。

（2）旋喷锚桩绿色施工技术。基坑支护设计加筋水泥土锚桩采用旋喷桩，考虑到对周边环境保护等的重要性，施工的机具为专用机具——慢速搅拌中低压旋喷机具，该钻机的最大搅拌旋喷直径达1.5 m，最大施工深度达35 m，需搅拌旋喷直径为500 mm，施工深度为24 m。旋喷锚桩施工应与土方开挖紧密配合，正式施工前应先开挖按锚桩设计标高为准，低于标高面向下300 mm左右、宽度为不小于6 m的锚桩沟槽工作面。

旋喷锚桩施工应采用钻进、注浆、搅拌、插筋的方法。水泥浆采用42.5级普通硅酸盐水泥，水泥掺入量20%，水灰比0.7（可视现场土层情况适当调整），水泥浆应拌和均匀随拌随用，一次拌和的水泥浆应在初凝前用完。旋喷搅拌的压力为29 MPa，旋喷喷杆提升速度为20~25cm/min，直至浆液溢出孔外，旋喷注浆应保证扩大头的尺寸和锚桩的设计长度。锚筋采用3或4根Φ15.2预应力钢绞线制作，每根钢绞线抗拉强度标准值为1860 MPa，每根钢绞线由7根钢丝绞合而成，桩外留0.7 m以便张拉。钢绞线穿过压顶冠梁时，自由段钢绞线与土层内斜拉锚杆要成一条直线，自由段部位钢绞线须加塑料套管，并做防锈、防腐处理。

压顶冠梁及旋喷桩强度达到设计强度75%后用锚具锁定钢绞线，锚具采用OVM系列，锚具和夹具应符合《预应力筋用锚具、夹具和连接器应用技术规程》(JGJ 85—2010)，张拉采用高压油泵和100t穿心千斤顶。

正式张拉前先用20%锁定荷载预张拉两次，再以50%、100%的锁定荷载分级张拉，然后超张拉至110%设计荷载，在超张拉荷载下保持5 min，观测锚头无位移现象后再按锁定荷载锁定，锁定拉力为内力设计值的60%。锚桩的张拉，其目的就是要通过张拉设备使锚桩自由段产生弹性变形，从而对锚固结构施加所需的预应力值，在张拉过程中应注重张拉设备选择、标定、安装、张拉荷载分级、锁定荷载以及量测精度等方面的质量控制。

(三) 地下水处理的绿色施工技术

1. 三轴搅拌桩全封闭止水技术

基坑侧壁采用三轴深层搅拌桩全封闭止水，复合水泥、水灰比1∶3，桩径850 mm，搭接长度250 mm，水泥掺量20%，28 d抗压强度不小于1.0 MPa，坑底加固水泥掺量12%。三轴搅拌施工按顺序进行，保证桩与桩之间充分搭接以达到止水作用，施工前做好桩机定位工作，桩机立柱导向架垂直度偏差不大于二百五十分之一。相邻搅拌桩搭接时间不大于15 h，因故搁置超过2 h以上的拌制浆液不得再用。

三轴搅拌桩在下沉和提升过程中均应注入水泥浆液，同时严格控制下沉和提升速度。根据设计要求和有关技术资料规定，搅拌下沉速度宜控制在0.5 m/min，提升速度宜控制在1~1.5 m/min，但粉土、粉砂层提升速度应控制在0.5 m/min以内，并视不同土层实际情况控制提升速度。若基坑工程相对较大，三轴水泥土搅拌桩不能保证连续施工，在施工中会遇到搅拌桩的搭接问题，为了保证基坑的止水效果，在搅拌桩搭接的部位采用双管高压旋喷桩进行冷缝处理，高压旋喷桩桩径600 mm，桩底标高和止水帷幕一样，桩间距350 mm。

2. 坑内管井降水技术

基坑内地下水采用管井降水，内径400 mm，间距约20 m。管井降水设施在基坑挖土前布置完毕，并进行预抽水，以保证有充足的时间、最大限度降低土层内的地下潜水，以及降低微承压水头，保证基坑边坡的稳定性。

管井施工工艺流程应为井管定位→钻孔、清孔→吊放井管→回填滤料、洗井→安装深井降水装置→调试→预降水→随挖土进程分节拆除井管，管井顶标高应高于挖土面标高 2 m 左右→降水至坑底以下 1 m→坑内布置盲沟，坑内管井由盲沟串联成一体，坑内管井管线由垫层下盲沟接出排至坑外→基础筏板混凝土达到设计强度后根据地下水位情况暂停部分坑中管井的降排水→地下室坑外回填完成停止坑边管井的降水→退场。

管井的定位采用极坐标法精确定位，避开桩位，并避开挖土主要运输通道位置，严格做好管井的布置质量以保证管井抽水效果，管井抽水潜水泵的采用根据水位自动控制。

第二节 主体结构工程施工

一、混凝土结构工程施工技术

以放疗室、防辐射室为代表的一类大体积混凝土结构对采用绿色施工技术体积混凝土整体施工，其关键在于基于实际尺寸构造的柱、梁、墙与板交叉节点的支模技术，设置分层、分向浇筑的无缝作业工艺技术，且考虑不同部位的分层厚度及其新老混凝土截面的处理问题，同时考虑为保证浇筑连续性而灵活随机设置预留缝的技术，混凝土浇筑过程中实时温控及全过程养护实施技术，以上绿色施工综合技术的全面、连续、综合应用可保证工程质量，是满足绿色施工特殊使用功能要求的必然选择。

（一）混凝土结构绿色施工综合技术的特点

大体积混凝土绿色施工综合技术的特点主要体现在：1. 采用面向顶、墙、地三个界面不同构造尺寸特征的整体分层、分向连续交叉浇筑的施工方法和全过程的精细化温控与养护技术，解决了大壁厚混凝土易开裂的问题，较传统的施工方法可大幅度提升工程质量及抗辐射能力；2. 采取一个方向全面分层、逐层到顶的连续交叉浇筑顺序，浇筑层的设置厚度以 450 mm 为临界，重点控制底板厚度变异处质量，设置成 A 类质量控制点；3. 采取柱、梁、墙板节点的参数化支模技术，精细化处理节点构造质量，可保证大壁厚顶、墙和地全封闭一体化防辐射室结构的质量；4. 采取设置紧急状态下随机设置施工缝的措施，且同步铺不大于30 mm的同配比无石子砂浆，可保证混凝土接触处强度和抗渗指标。

（二）混凝土结构绿色施工技术要点

1. 底板施工要点

橡胶止水带施工时先做一条100 mm × 100 mm的橡胶止水带，可避免混凝土浇筑时模板与垫层面的漏浆、泛浆。考虑厚底板钢筋过于密集，快易收口网需要一层层分步安装、绑扎，为保证此部位模板的整体性，单片快易收口网高度为3倍钢筋直径，下片在内，上片在外，最底片塞缝带内侧。为增大快易收口网的整体性与其刚度，安装后在结构钢筋部位的快易收口网外侧（后浇带一侧）附一根直径为12 mm的钢筋与其绑扎固定，厚底板采用分层连续交叉浇筑施工，特别是在厚度变异处，每层浇筑厚度控制在400 mm，左模板缝隙和孔洞应保证严实。

2. 钢筋绑扎技术要点

厚墙体的钢筋绑扎时应保证水平筋位置准确，绑扎时先将下层伸出钢筋调直后再绑扎解决下层钢筋伸出位移较大的问题，门洞口的加强筋位置，应在绑扎前根据洞口边线采用吊线找正方式，将加强筋的位置进行调整，以保证安装精度。大截面柱、大截面梁以及厚顶板的绑扎可依据常规规范进行。

（三）混凝土结构绿色施工工艺流程

混凝土结构绿色施工工艺流程如图3-1所示。

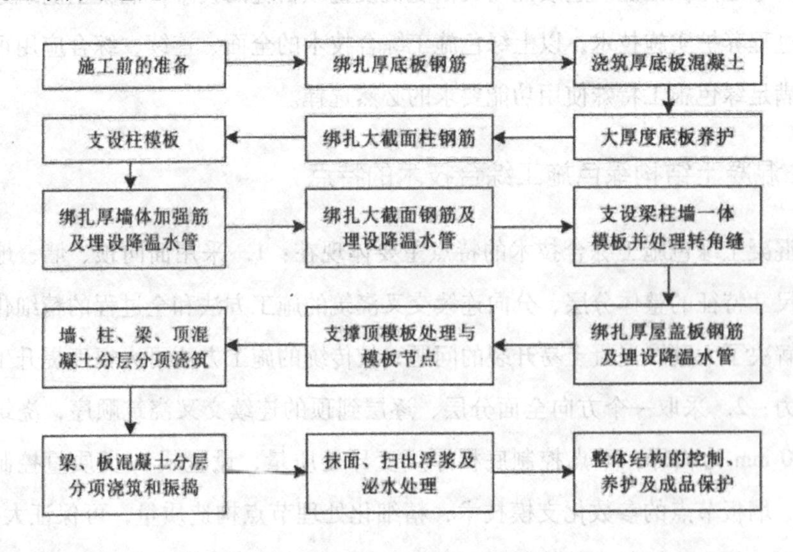

图3-1 混凝土结构绿色施工工艺流程

二、钢结构工程施工技术

（一）多层大截面十字钢柱施工技术

1. 技术特点

采用现场分段吊装、焊接组装及设置临时操作平台的组合技术，解决了超长十字钢骨柱运输、就位的技术难题，通过合理划分施工段及施工组织，较整体安装做法大幅度提高了安全系数及质量合格率。通过二次调整的方式精确控制超长十字钢柱的垂直度，第一次采用水平尺对其垂直度进行调整，第二次在经纬仪的同步监测下依靠揽风绳进行微调，保证其安装精度。针对多层大截面十字钢柱的特点，在首层钢柱安装过程中通过浇筑混凝土强化钢柱与承台之间的一体化连接，保证足够的承载力。采用抗剪键与揽风绳共同作用的临时支撑系统，首层设置抗剪键使支撑系统简化，多层大截面十字钢柱的顶部和中部设置揽风绳柔性约束，刚性和柔性组合约束系统共同保证钢柱结构的稳定性及安全性。采用十字钢柱连接节点的精细化处理技术，第一层的焊道封住坡口内母材与垫板的连接处，逐道逐层累焊至填满坡口，清除焊渣和飞溅物并修补焊接缺陷，焊后进行 100% 检测以保证安装质量并处理好与紧后工序的接口。

2. 技术要点

钢柱按现场吊装的需要分批进场，每批进场的构件的编号及数量应提前三天通知制作厂，钢柱临时堆放按平面布置的位置摆放在对应楼地面堆场，构件的堆放场地进行绿色施工综合技术及应用平整并保证道路通畅。

构件验收分两步进行，第一步进行厂内验收，构件运抵现场后再由现场专职质量员组织验收，验收合格后；第二步报监理验收，实物验收包括构件外观尺寸、焊缝外观质量、构件数量、栓钉数量及位置、孔位大小及位置、构件截面尺寸等。

资料验收包括原材料材质证明、出厂合格证、栓钉焊接检验报告、焊接工艺评定报告、焊缝检测报告等。对于构件存在的问题应在制造厂修正，进行修正后才可运至现场施工。对于运输等原因出现的问题，要求制造厂在现场设立紧急维修小组，在最短的时间内将问题解决，以确保施工工期。

3. 工艺流程

多层大截面十字钢柱施工工艺流程如图 3-2 所示。

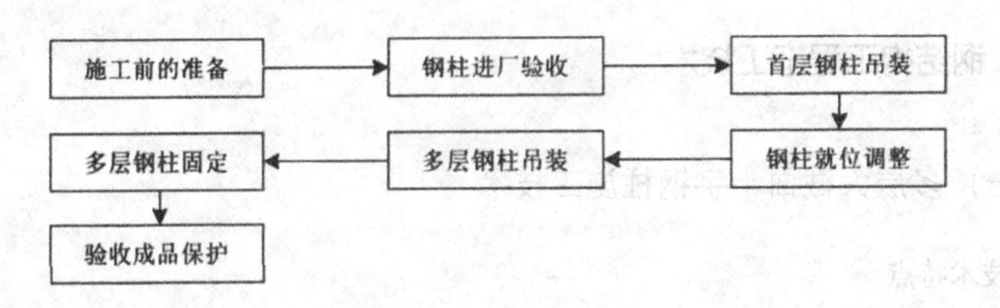

图3-2 多层大截面十字钢柱施工工艺流程

（二）预应力钢结构施工技术

1. 技术特点

预应力钢结构施工工序复杂，实施以单拼桁架整体吊装为关键工作的模块化不间断施工工序，十字型钢柱及预应力钢桁架梁的精细化制作模块、大悬臂区域及其他区域的整体吊装及连接固定模块、预应力索的张拉力精确施加模块的实施是其为连续、高质量施工的保证。大悬臂区域的施工采用局部逆作法的施工工艺，即先施工屋面大桁架，再悬挂部分梁柱，楼板先浇筑非悬臂区楼板和屋面，待预应力张拉完屋面桁架再浇筑悬臂区楼板，实现工程整体顺作法与局部逆作法的交叉结合，可有效地利用间歇时间、加快施工进度。

十字型钢骨架及预应力箱梁钢桁架按照参数化精确下料、采用组立机进行整体的机械化生产，实现局部大截面预应力构件在箱梁钢桁架内部的永久性支撑及封装，预应力结构翼缘、腹板的尺寸偏差均在2mm范围之内，并对桁架预应力转换节点进行优化，形成张拉快捷方便，可有效降低预应力损失的节点。转换器采用单台履带式起重机，吊装跨度为2.2m、最大重量达103 t单榀大截面预应力钢架至标高33.3 m处，通过控制钢骨柱的位置精度，并在柱头下600 mm位置处用300#工字钢临时联系梁连接成刚性体以保证钢桁架的侧向稳定性，第一榀钢桁架就位后在钢桁架侧向用两道60 mm松紧螺栓来控制侧向失稳和定位；第二榀钢桁架就位后将这两榀之间的联系梁焊接形成稳定的刚性体，通过吊架位置、吊点以及吊装空间角度的控制实现吊装稳定。在拉索张拉控制施工过程中采用控制钢绞线内力及结构变形的双控工艺，并重点控制张拉点的钢绞线索力，桁架内侧上弦端钢绞线可在桁架上张拉，桁架内侧下弦端的张拉采用搭设2 m× 2 m×3.5 m方形脚手架平台辅助完成张拉，根据施加预应力要求分为两个循环进行，第一循环完成索力目标的50%，第二次循环预应力张拉至目标索力。

2. 技术要点

预应力钢骨架及索具的精细化制作技术要点。大跨度、大吨位预应力箱型钢骨架构件采用单元模块化拼装的整体制作技术，并通过结构内部封装施加局部预应力构件。预应力钢骨架的关键制作工序包括精确下料与预拼、腹板及隔板坡口的精密制作、胎架的制作、高质量的焊接及检验、表面处理和预处理技术以及全过程的监督、检查和不合格品控制。在下料的过程中采用数控精密切割，对接坡口采用半自动精密切割且下料后进行二次矫平处理。腹板两长边采用刨边加工隔板及工艺隔板组装的加工，在组装前对四周进行铁边加工，以作为大跨箱形构件的内胎定位基准，并在箱形构件组装机上按T形盖部件上的结构定位组装横隔板，组装两侧T形腹板部件要求与横隔板、工艺隔板顶紧定位组装。制作无黏结预应力筋的钢绞线，其性能符合国家标准《预应力混凝土用钢绞线》（GB/T 5224—2014）规定，无黏结预应力筋的钢绞线不应有死弯，若存在死弯必须切断；无黏结预应力筋的每根钢丝应通长的且严禁有接头，并采用专用防腐油脂涂料或外包层对无黏结预应力筋外表面进行处理，预应力筋所选用的锚具、夹具及连接器的性能均要符合现行国家标准《预应力筋用锚具、夹具和连接器》（GB/T 14370—2015）的规定，能试验结果应同时满足锚具效率系数≥0.95和预应力筋总应变≥2.0%两项指标要求。

预应力钢桁架梁吊装及安装技术要点。梁进场后由质检技术人员检验钢梁的尺寸，且对变形部位予以修复，钢桁架梁吊装采用加挂铁扁担两绳四点法进行吊装，吊装过程中于两端系挂控制长绳，钢桁架梁吊起后缓慢起钩，吊到离地面200 mm时吊起暂停，检查吊索及塔机工作状态，检查合格后继续起吊，吊到钢桁架梁基本位后由钢桁架梁两侧靠近安装，在穿入高强螺栓前，钢桁架梁和钢柱连接部位必须先打入定位销，两端至少各两根，再进行高强螺栓的施工，高强螺栓不得强行穿入且穿入方向一致，并从中央向上下、两侧进行初拧，撤出定位销，穿入全部高强螺栓进行初拧、终拧；钢桁架梁在高强螺栓终拧后进行翼缘板的焊接，并在钢桁架梁与钢柱间焊接处采用6mm钢板做衬垫、用气体保护焊或电弧焊进行焊接。大悬臂区域对应的施工顺序是先施工屋面大桁架，再施工悬挂部分梁柱，楼板先浇筑非悬臂区楼板和屋面，待预应力张拉完屋面桁架再浇筑悬臂区楼板。对于五层跨度及重量均较大的钢梁分段制作，钢梁的整棉重量在7～11.6 t不等，采用两台3 t的卷扬机，采取滑轮组装整体吊装。

钢桁架梁的平面组装要求E-H/8、9轴钢桁架梁，其组装在工作间屋顶面进行，组装前要搭设一定宽度的支撑平台，高度结合工作间屋面高度14.80m，走道高度14.50m，北面挑沿高度15.0m，一并找平以便于钢梁连接；E-H/10、12轴钢桁架梁在二层平台拼装前需要拆除二层所有障碍脚手架等。钢桁架梁拼装后焊接结点在下面的焊缝用托板待就位后补焊，10/E轴无柱节点支撑，吊装前应先吊装跨度最大的梁，其后组装吊装钢桁架梁支点，吊装前在钢桁架梁的上翼缘位置焊接一个10t标准吊耳。

吊装时要保证钢桁架的平衡以避免产生碰撞，悬挑梁应尽量放在吊机指定站位的作业半径内，钢桁架吊装立起时应选取合适的吊点以避免产生过大的变形，在确定吊点和进行钢丝绳配置时调整好吊装的空间角度且吊钩处于分段中心的正上方。在接口处设操作平台以保证施工安装并方便吊装，吊装对接时各分段之间应设置工装件以确保各梁柱的对口精度，且避免过大的焊接变形。钢桁架吊装时提前做好准备工作，就位时用两道60 mm松紧螺栓来调整左右角度和定位，用楔铁和千斤顶调整对接错口，其他高空安装的挂篮、钢爬梯、安全带等安全设施也一并安装好和钢桁架一起吊装到位。钢桁架吊装就位对接焊时，先进行找正点焊牢固，以保证钢桁架的垂直度、轴线和标高符合图纸设计标准要求，焊接时两个焊工同时在悬挑梁同一立面进行对接焊。

三、复合桁架工程施工技术

复合桁架楼承板主要由带有加强筋补强加密的“几”字形钢筋桁架、压型钢板、高性能混凝土面层以及临时支撑构件等组成，该楼承板体系满足承载力大、自重轻、保温隔热节能降噪性能好、稳定性与耐久性好等优势，复合桁架楼承板的安装在钢框架结构施工完成后进行，通过钢框架结构的预留螺栓固定压型钢底板，根据楼承板的最大跨度及构造特点设置临时支撑与永久支撑。在此基础上整体吊装经参数化制作完成的钢筋桁架，在预先设定的位置上进行初步密拼就位，在此基础上实现加强钢筋的交叉绑扎补强与点焊就位，在压型顶板安装前进行特殊构造的处理，最后浇筑高性能混凝土面层，并保证其黏结性与平整度。

（一）技术要点

针对复合桁架体系过多采用钢筋加肋、交错绑扎、加密布置等结构特点，施工过程中采用区域划分、同步作业、模块化安装、精细化后处理的组合施工技术，有效保证楼承板的各项质量指标。采用参数化下料与整体安装技术，精确计算不规格部分每块板的长度，避免长板短用和板型的交替使用，精密规则化的密铺技术保证了拼接位置的规整性，降低了楼承板后处理工序的难度。施工过程中采用对搭接部位的精确化控制技术，复合桁架楼承板与主梁平行铺设且镀锌钢板搭接到主梁上的尺寸为30 mm，并将镀锌钢板与钢梁点焊固定，焊点间距为300 mm，可有效地防止漏浆现象。紧凑型复合桁架采用初步整体吊装固定与紧后钢筋加密补强相结合的组合工艺，大幅度地提升钢筋桁架体系的承载力与耐久性，采用临时支撑与永久支撑交叉使用的施工工艺，考虑混凝土浇捣顺序、堆放厚度及随机不确定因素的影响，在最大无支撑跨度的跨中位置设置临时支撑，局部加强点采用焊接永久支撑角钢，在高低跨衔接过渡处搭设钢管架并辅以顶托和方木进行可靠支撑，实现多类型、多接触支撑体系的联合应用。垂直于桁架方向的现场钢筋布置于桁架上弦钢筋的下方，在解决桁架与工字梁搭接的过程中设置找平点，以保证混凝土保护层的厚度及平整度。

（二）技术要点

1. 柱边处角钢安装

角钢在钢柱与钢筋桁架楼承板接触处设置，安装前对照钢筋桁架楼承板平面布置，检查到场角钢规格型号是否满足设计要求，而钢长度由钢柱截面尺寸确定，角钢安装前先刷漆，然后再安装。在安装过程中先在钢柱上放好线来确定角钢的安装位置，然后将角钢焊接于钢柱上。柱混凝土与板混凝土一起浇筑的工况，楼承板直接搁在柱模上，柱边角钢可取消。

2. 钢筋桁架楼承板施工

施工前的准备要求应注意紧凑型钢筋桁架楼承板到达现场后将其搬运到各安装区域；先设施工用临时通道以保证施工方便及安全；准备简易操作工具，包括吊装用钢索及零部件和操作工人劳动保护用品等；在柱边等异形处设置角钢支撑件；放设钢筋桁架楼承板铺设时的基准线；对操作工人进行技术及安全交底并发作业指导书。为配合安装作业顺序，钢筋桁架楼承板铺设前应具备的条件分别为隅撑及钢筋桁架楼承板下的支撑角钢安装完成；核心筒剪力墙上预埋件及预埋钢筋预埋完成；钢筋桁架楼承板构件进场并验收合格；钢梁表面吊耳清除、磨平、补漆。施工前对照图纸检查楼承板尺寸、钢筋桁架构造尺寸等是否满足设计要求。检查钢筋桁架楼承板的拉钩是否有变形，变形处用自制的矫正器械进行矫正；底模的平直部分和搭接边的平整度每米不应大于 1.5 mm。外观质量的检查，对于紧凑型桁架要求：焊点处熔化金属应均匀；每件成品的焊点脱落、漏焊数量不得超过焊点总数的 4%，且相邻的两焊点不得有漏焊或脱落；焊点应无裂纹、多孔性缺陷及明显的烧伤现象。对于钢筋桁架与底模的焊接要求每件成品焊点的烧穿数量不得超过焊点总数的 20%。

第三节　装饰装修工程施工

一、呼吸式铝塑板

室内顶墙一体化呼吸式铝塑板饰面融国外先进设计理念与质量规范于一体，解决了普通铝塑板饰面效果单调、易于产生累计变形、特殊构造技术处理难度大的施工质量问题，创造性地赋予其通风换气的功能。通过在墙面及吊顶安装大截面经过特殊工艺处理的带有凹槽的龙骨，将德国进口带有小口径通气孔的大板块参数化设计的铝塑板，通过特殊的边缘坡口构造与龙骨相连接，借助于特殊U形装置进行调节，同时通过起拱等特殊工艺实现对风口、消防管道、灯槽等特殊构造处的精细化处理，在中央空调的作用下实现室内空气的交换通风。

（一）技术特点

吸收并借鉴国外先进制作安装工艺，针对带有通气孔的大板块铝塑板采用嵌入式密拼技术，通过板块坡口构造与型钢龙骨的无间隙连接，实现室内空气的交换以及板块之间的密拼，密拼缝隙控制在1~2mm范围内，较传统S做法精度提高50%以上。通过分块拼装、逐一固定调节，以及安装具备调节裕量的特殊“U”形装置消除累计变形，以保证荷载的传递及稳定性。根据大、中、小三种型号龙骨的空间排列构造，采用非平行间隔拼装顺序，基于铝塑装饰板的拉缝间隙进行分块弹线，从中间顺中龙骨方向开始先装排为基准，然后两侧分行同步安装，同时控制自攻螺钉间距200~300 mm。

考虑墙柱为砖砌体，在顶棚的标高位置沿墙和柱的四周，沿墙距900~1200 mm设置预埋防腐木砖，且至少埋设两块以上。采用局部构造精细化特殊处理技术，对灯槽、通风口、消防管道等特殊构造进行不同起拱度的控制与调整，同时，分块及固定方法在试装及绿色施工综合技术及应用鉴定后实施。采用双“回”字形板块对接压嵌橡胶密封条工艺，保证密封条的压实与固定，同时根据龙骨内部构造形成完整的密封水流通道去除室内水蒸气的液化水，较传统的注入中性硅酮密封胶具有更加明显的质量保证。

（二）技术要点

1. 施工前准备

参考德国标准，按照设计要求提出所需材料的规格及各种配件的数量，进行参数设计及制作，复测室内主体结构尺寸并检查墙面垂直度、平整度偏差，详细核查施工图纸和现场实测尺寸，特别是考虑灯槽、消防管道、通风管道等设备的安装部位，以确保设计、加工的完善，避免工程变更。同时，与结构图纸及其他专业图纸进行核对，及时发现问题采取有效措施修正。

2. 作业条件分析的技术要点

现场单独设置库房以防止进场材料受到损伤，检查内部墙体、屋顶及设备安装质量是否符合铝塑板装饰施工要求和高空作业安全规程的要求，并将铝塑板及安装配件用运输设备运至各施工面层上，合理划分作业区域。根据楼层标高线，用标尺竖向量至顶棚设计标高，沿墙、柱四周弹顶棚标高，并沿顶棚的标高水平线，在墙上画好分挡位置线，完成施工前的各项放线准备工作。结构施工时应在现浇混凝土楼板或预制混凝土楼板缝，按设计要求间距预埋钢筋吊杆，设计无要求时按大龙骨的排列位置预埋钢筋吊杆，其间距宜为900～1200 mm。吊顶房间的墙柱为砖砌体时，在顶棚的标高位置沿墙和柱的四周预埋防腐木砖，沿墙间距900～1200mm，柱每边应埋设木砖两块以上。安装完顶棚内的各种管线及通风道，确定好灯位、通风口及各种露明孔口位置。

3. 大、中、小型钢龙骨及特殊U形构件安装的技术要点

龙骨安装前应使用经纬仪对横梁竖框进行贯通检查，并调整误差，一般情况下龙骨的安装顺序为先安装竖框，然后再安装横梁，安装工作由下往上逐层进行。

安装大龙骨吊杆要求在弹好顶棚标水平线及龙骨位置线后，确定吊杆下端头的标高，按大龙骨位置及吊挂间距，将吊杆无螺栓丝扣的一端与楼板预埋钢筋连接固定。安装大龙骨要求配装好吊杆螺母，在大龙骨上预先安装好吊挂件，将组装吊挂件的大龙骨按分挡线位置使吊挂件穿入相应的吊杆螺母，并拧好螺母，大龙骨相接过程中装好连接件，拉线调整标高起拱和平直，对于安装洞口附加大龙骨需按照图集相应节点构造设置连接卡，边龙骨的固定要求采用射钉固定，射钉间距宜为1000 mm。

中龙骨的安装应以弹好的中龙骨分挡线，卡放中龙骨吊挂件，吊挂中龙骨按设计规定的中龙骨间距将中龙骨通过吊挂件，吊挂在大龙骨上，间距宜为500～600 mm，当中龙骨长度需多根延续接长时用中龙骨连接件，在吊挂中龙骨的同时需调直固定小龙骨的安装，

以弹好的小龙骨分挡线卡装小龙骨吊挂件，吊挂小龙骨应按设计规定的小龙骨间距将小龙骨通过吊挂件，吊挂在中龙骨上，间距宜为400~600 mm，当小龙骨长度需多根延续接长时用小龙骨连接件，在吊挂小龙骨的同时，将相对端头相连接并先调直后固定。若采用T形龙骨组成轻钢骨架时，小龙骨应在安装铝塑板时，每装一块罩面板先后各装一根卡挡小龙骨。

竖向龙骨在安装过程中应随时检查竖框的中心线，竖框安装的标高偏差不大于1.0 mm；轴线前后偏差不大于2.0 mm，左右偏差不大于2.0 mm；相邻两根竖框安装的标高偏差不大于2.0 mm；同层竖框的最大标高偏差不大于3.0 mm；相邻两根竖框的距离偏差不大于2.0 mm。竖框与结构连接件之间采用不锈钢螺栓进行连接，连接件上的螺栓孔应为长圆孔以保证竖框的前后调节。连接件与竖框接触部位加设绝缘垫片，以防止电解腐蚀。横梁与竖框间采用角码进行连接，角码一般采用角铝或镀锌铁件制成，横梁安装应自下而上进行，应进行检查、调整、校正。相邻两根横梁的标高水平偏差不大于1.0 mm；当一副铝塑板宽度大于35 m时，标高偏差应不大于4.0 mm。

4. 铝塑装饰板安装操作要点

带有通气小孔的进口铝塑板的标准板块在工厂内参数化加工成型，覆盖塑料薄膜后运输到现场进行安装。在已经装好并经验收的轻钢骨架下面按铝塑板的规格、拉缝间隙进行分块弹线，从顶棚中间顺中龙骨方向开始先装一行铝塑板作为基准，然后向两侧分行安装，固定铝塑板的自攻螺钉间距为200~300 mm，配套下的铝合金副框先与铝塑板进行拼装以形成铝塑板半成品板块。铝塑板材折弯后用钢副框固定成型，副框与板侧折边可用抽芯铆钉紧固，铆钉间距应在200 mm左右，板的正面与副框接触面黏结。固定角铝按照板块分格尺寸进行排布，通过拉铆钉与铝板折边固定，其间距保持在300 mm以内。板块可根据设计要求设置中加强肋，肋与板可采用螺栓进行连接，若采用电弧焊固定螺栓应确保铝板表面不变形、不褪色、连接牢固，用螺钉和铝合金压块将半成品标准板块固定，与龙骨骨架连接。

二、直接涂层墙面

由于建筑结构设计缺乏深化设计且不能满足室内装修的特殊要求，改造门垛的尺寸及结构构造非常常见，但传统的门垛改造做法费时、费力，容易造成环境污染，且常产生墙面开裂的质量通病，严重影响着墙体的表观质量和耐久性。适用于门垛构造改进调整及直接做墙面涂层的施工工艺，其关键技术是门垛改造局部组砌及墙面绿色和机械化处理施工，这个技术解决了传统门垛改造的墙面砂浆粉刷施工费时、费工、费材，且工程质量难以保证的问题。

加气块砌体墙面免粉刷施工工艺要求砌筑时提高墙面的质量标准，填充墙砌筑完成并间隔两个月后，用专用腻子分两遍直接批刮在墙体上，保养数天后仅须再批一遍普通腻子即可涂刷乳胶漆饰面，该绿色施工技术所涉及的免粉刷技术可代替水泥混合砂浆粉刷层，但该免粉刷工艺对墙体材料配置、保管和使用有独特的要求，该墙面涂层具有良好的观感效果和环境适应性。

（一）技术特点

通过基于门垛口精确尺寸放线的拆除技术，针对拆除后特定的不规则缺口构造，预埋拉结钢筋进行局部可调整的加气砖砌体组砌施工，缝隙及连接处进行填充密实，完成墙体的施工；采用专用腻子基混合料做底层和面层，配合双层腻子基混合料面，可代替传统的砂浆粉刷。在面层墙面施工的过程中借助自主研发的自动加料简易刷墙机实现一次性机械化施工，实现高效、绿色、环保的目标。

门垛拆除后马牙槎构造的局部调整组砌及拉结筋的预埋工艺，可保证新老界面的整体性。门垛构造处包括砌体基层、局部碱性纤维网格布、底层腻子基混合料、整体碱性纤维网格布、面层腻子基混合料和饰面涂料刷的新型墙面构造，代替传统的砂浆粉刷方法，通过批两道腻子基混合胶凝材料为关键主线，并兼顾基层处理、压耐碱玻纤网格布，采用以批两道腻子基混合胶凝材料为关键主线，并兼顾基层处理、压耐碱玻纤网格布的依次顺序施工方法。

采用专用腻子基混合料和简便、快捷的施工工艺，可实现绿色施工过程中对降尘、节地、节水、节能、节材多项指标的要求，并使该工艺范围内的施工成本大幅度降低。采用包括底座、料箱、开设滑道的支撑杆、粉刷装置、粉刷手柄、电泵、圆球触块、凹槽以及万向轮等基本构造组成的自动加料简易刷墙机，可实现涂刷期间的自动加料，省时省力，而通过粉刷手柄手动带动滚轴在滑道内紧贴墙面上下往返粉刷，可实现灵活粉刷、墙面均匀受力。

（二）技术要点

砖砌体的排列上、下皮应错缝搭砌，搭砌长度一般为砌块的二分之一，不得小于砌块长的三分之一，转角处相互咬砌搭接；不够整块时可用锯切割成所需尺寸，但不得小于砖砌块长度的三分之一。灰缝横平竖直，水平灰缝厚度宜为15 mm，竖缝宽度宜为20 mm；砌块端头与墙柱接缝处各涂刮厚度为5 mm的砂浆黏结，挤紧塞实。灰缝砂浆应饱满，水平缝、垂直缝饱满度均不得低于80%。砌块排列尽量不镶砖或少镶砖，必须镶砖时，应用整砖平砌，铺浆最大长度不得超过1500 mm。砌体转角处和交接处应同时砌筑，对不能同时砌筑而必须留置的临时间断处，应砌成斜槎，斜槎不得超过一步架。墙体的两根拉结筋，间距100 mm，拉结筋伸入墙内的长度不小于墙长的五分之一且不小于700 mm。墙砌至接近梁或板底时应留空隙30～50 mm，至少间隔7天后，用防腐木楔楔紧，间距600 mm，木楔方向应顺墙长方向楔紧，用C25细石混凝土或1∶3水泥砂浆灌注密实，门窗等洞口上无梁处设预制过梁，过梁宽同相应墙宽。拉通线砌筑时，应吊砌一皮、校正一皮，皮皮拉线控制砌体标高和墙面平整度；每砌一皮砌块，就位校正后，用砂浆灌垂直缝，随后原浆勾缝，满足深度3～5 mm。

第四节　机电安装工程施工

一、大截面镀锌钢板风管

镀锌钢板通风风管达到或超过一定的接缝截面尺寸界限会引起风管本身强度不足，进而伴随其服役时间的增加而出现翘曲、凹陷、平整度超差等质量问题，最终影响其表观质量，其结果导致建筑物的功能与品质严重受损。而基于L形插条下料、风管板材合缝以及机械成L形插条准确定位安装的大截面镀锌钢板风管构造，主要通过用同型号镀锌钢板加工成L形插条在接缝处进行固定补强，采用镀锌钢板风管自动生产线及配套专用设备，需要根据风管设计尺寸大小。在加工过程中可采用同规格镀锌钢板板材余料制作L形风管插条作为接缝处的补强构件，通过单平咬口机对板材余料进行咬口加工制作，在现场通过手工连接、固定在风管内壁两侧含缝处形成一种全新的镀锌钢管。

（一）技术特点

大截面镀锌钢板风管采用L形插条补强连接全新的加固方法，克服了接缝处易变形、翘曲、凹陷、平整度超差等质量问题，降低因质量问题导致返工的成本。形成充分利用镀锌钢板剩余边角料在自动生产线上一次成型的精细化加工制作工艺，保证无扭曲、角变形等大尺寸风管质量问题，同时可与加工制作后的现场安装工序实现无间歇和调整的连续对接。通过对镀锌钢板余料的充分利用，以及插条合缝处涂抹密封胶的选用、检测与深度处理，深刻体现着绿色、节能、经济、环保特点。

（二）技术要点

风板、插条下料前须对施工所用的主要原材料按有关规范和设计要求，进行进场材料验收准备工作，对所使用的主要机具进行检验、检查和标定，合格后方可投入使用。人员准备就绪、材料准备到位，操作机器运行良好，调整到最佳工作状态，临时用电安全防护措施已落实。在保证机器完好并调整到最佳状态后，按照常规做法对板材进行咬口，咬口制作过程中宜控制其加工精度按规范选用钢板厚度，咬口形式的采用根据系统功能按规范进行加工，防止风管成品出现表面不同程度下沉、稍向外凸出有明显变形的情况。安排专人操作风管自动生产线，正确下料，板料、风管板材、插条咬口尺寸正确，保证咬口宽度一致，镀锌包钢板的折边应平直，弯曲度不应大于5‰，弹性插条应与薄钢板法兰相匹配，角钢与风管薄钢板法兰四角接口应稳固、紧贴，端面应平整，相连接处不应该有大于2 mm的连续穿透缝。

严格按风管尺寸公差要求，对口错位明显将使插条插偏；小口陷入大口内造成无法扣紧或接头歪斜、扭曲，插条不能明显偏斜，开口缝应在中间，不管插条还是管端咬口翻边应准确、压紧。

二、异形网格式组合电缆线槽

建筑智能化与综合化对相应的设备，特别是电气设备的种类、性能及数量提出更高的要求，建筑室内的布线系统呈现出复杂、多变的特点，给室内空间的装饰装修带来一定的影响，传统的线槽模式如钢质电缆线槽、铝合金质线槽、防火阻燃式等类型，一定程度上解决了布线的问题，但在轻巧洁净、节约空间、安装更换、灵活布局以及与室内设备、构造搭配组合等方面仍然无法满足需求，全新概念的异形网格式组合电缆线槽，在提高品质、保证质量、加快安装速度等领域技术优势明显。异形网格式组合电缆线槽是将电缆进行集中布线的空间网格结构，可灵活设置网格的形状与密度，不同的单体可以组合成大截面电缆线槽以满足不同用电荷载的需求，同时各种角度的转角、三通、四通、变径、标高变化等部件现场制作是保证电缆桥架顺利连接灵活布局的关键，其支吊架的设置以及线槽与相关设备的位置实现标准化，可大幅度提高安装的工程进度，在保证安全、环保卫生的前提下最大限度地节约室内有限空间。

(一) 技术特点

采用面向安装位置需求的不同截面电缆线槽的现场组合拼装，通过现场特制不同角度的转角、变径、三通、四通等特殊的构造，实现对电缆线槽的布局、走向的精确控制，较传统的电缆线槽的布置更加灵活、多样化，局部区域节约室内空间达10%左右。采用直径4～7mm的低碳钢丝，根据力学原理进行优化配置，混合制成异形网格式组合电缆线槽，网格的类型包括正方形、菱形、多边形等形状，根据配置需要灵活设置，每个焊点都是通过精确焊接的，其重量是普通桥架的40%左右，可散发热量并可保持清洁。对异形网格式组合电缆线槽的安装位置进行标准化控制，与一般工艺管道平行净距离控制在0.4 m，交叉净距离为0.3 m；强电异形网格式组合电缆线槽与强电网格式组合电缆线槽上下多层安装时，间距为300 mm；强电网格式组合电缆线槽与弱电网格式组合电缆线槽上下多层安装时，间距宜控制在500 mm，采用固定吊架、定向滑动吊架相结合的搭配方式，灵活布置，以保证其承载力，吊架间距宜为1.5～2.5 m，同一水平面内水平度偏差不超过5 mm。

(二) 技术要点

根据电气施工图纸确定异形网格式组合电缆线槽的立体定位、规格大小、敷设方式、支吊架形式、支吊架间距、转弯角度、三通、四通、标高变换等。

异形网格式组合电缆线槽与一般工艺管道平行净距离为0.4 m，交叉净距离为0.3 m；当异形网格式组合电缆线槽敷设在易燃易爆气体管道和热力管道的下方，在设计无要求时，异形网格式组合电缆线槽不宜安装在腐蚀气体管道上方，以及腐蚀性液体管道的下方；当设计无要求时，异形网格式组合电缆桥架与具有腐蚀性液体或气体的管道平行净距离及交叉距离不小于0.5 m，否则应采取防腐、隔热措施。

强电异形网格式组合电缆线槽与强电异形网格式组合电缆线槽上下多层安装时，间距宜为300 mm；强电异形网格式组合电缆线槽与弱电异形网格式组合电缆线槽上下多层安装时，间距宜为500 mm；控制电缆异形网格式组合线槽与控制电缆异形网格式组合线槽上下多层安装时，间距宜为200 mm；异形网格式组合电缆线槽沿顶棚吊装时，间距宜为300 mm。

第四章 不同类型建筑绿色施工技术

第一节 装配式建筑绿色施工技术

一、装配式建筑混凝土结构

装配式建筑混凝土结构可以降低资源、能源消耗，减少建筑垃圾，保护环境。由于实现了构件生产工厂化，材料和能源消耗均处于可控状态；建造阶段消耗建筑材料和电力较少，施工扬尘和建筑垃圾大幅度减少，是一种新型的绿色施工技术。

（一）装配式结构的基本构件

1. 预制混凝土柱

从制造工艺上看，预制混凝土柱包括预制混凝土实心柱和预制混凝土矩形柱壳两种形式。预制混凝土柱的外观多种多样，包括矩形、圆形和工字形等。在满足运输和安装要求的前提下，预制柱的长度可达 12 m 或更长。

2. 预制混凝土梁

预制混凝土梁根据制造工艺不同可分为预制实心梁、预制叠合梁两类。预制实心梁制作简单，构件自重较大，多用于厂房和多层建筑中。预制叠合梁便于预制柱和叠合楼板连接，整体性较强，运用十分广泛。预制梁通常用于梁截面较大或起吊质量受到限制的情况，优点是便于现场钢筋的绑扎，缺点是预制工艺较复杂。

按是否采用预应力来划分，预制混凝土梁可分为预制预应力混凝土梁和预制非预应力混凝土梁。预制预应力混凝土梁集合了预应力技术节省钢筋、易于安装的优点，生产效率高、施工速度快，在大跨度全预制多层框架结构厂房中具有良好的经济性。

3. 预制混凝土楼面板

预制混凝土楼面板按照制造工艺不同可分为预制混凝土叠合板、预制混凝土实心板、预制混凝土空心板、预制混凝土双T板等。

预制混凝土叠合板最常见的主要有两种，一种是桁架钢筋混凝土叠合板，另一种是预制带肋底板混凝土叠合楼板。桁架钢筋混凝土叠合板属于半预制构件，下部为预制混凝土板，外露部分为桁架钢筋。预制混凝土叠合板的预制部分厚度通常为60 mm，叠合楼板在工地安装到位后要进行二次浇筑，从而成为整体实心楼板。桁架钢筋的主要作用是将后浇筑的混凝土层与预制底板形成整体，并在制作和安装过程中提供刚度。伸出预制混凝土层的桁架钢筋和粗糙的混凝土表面保证了叠合楼板预制部分与现浇部分能有效地结合成整体。

PK预应力混凝土叠合板具有以下优点：

①是国际上最薄、最轻的叠合板之一，30 mm厚，重110 kg/m^2。

②用钢量最省，由于采用高强预应力钢丝，比其他叠合板用钢量节省60%。

③承载能力最强。破坏性试验承载力可达1.1 t/m^2，支撑间距可达3.3m，减少支撑数量。

④抗裂性能好，由于施加了预应力，极大地提高了混凝土的抗裂性能。

⑤新老混凝土结合好，由于采用了T型肋，现浇混凝土形成倒梯形，新老混凝土互相咬合，新混凝土流到孔中又形成销栓作用。

⑥可形成双向板，在侧孔中横穿钢筋后，避免了传统叠合板只能做单向板的弊病，且预埋管线方便。

4. 预制混凝土剪力墙

预制混凝土剪力墙从受力性能角度可分为预制实心剪力墙和预制叠合剪力墙。

(1) 预制实心剪力墙

预制实心剪力墙是指在工厂将混凝土剪力墙预制成实心构件，并在现场通过预留钢筋与主体结构相连接。随着灌浆套筒在预制剪力墙中的应用，预制实心剪力墙的使用越来越广泛。

预制混凝土夹心保温剪力墙是一种结构保温一体化的预制实心剪力墙，由外叶、内叶和中间层三部分组成。内叶是预制混凝土实心剪力墙，中间层为保温隔热层，外叶为保温隔热层的保护层。保温隔热层与内外叶之间采用拉结件连接。拉结件可以采用玻璃纤维钢筋或不锈钢拉结件。预制混凝土夹心保温剪力墙通常作为建筑物的承重外墙。

（2）预制叠合剪力墙

预制叠合剪力墙是指一侧或两侧均为预制混凝土墙板，在另一侧或中间部位现浇混凝土从而形成共同受力的剪力墙结构。预制叠合剪力墙结构在德国有着广泛的运用，在中国的上海和合肥等地亦已有所应用。它具有制作简单、施工方便等优势。

5. 预制混凝土阳台

预制混凝土阳台通常包括预制实心阳台和预制叠合阳台。预制阳台板能够克服现浇阳台的缺点，解决了阳台支模复杂、现场高空作业费时费力的问题。

6. 预制混凝土女儿墙

女儿墙处于屋顶处外墙的延伸部位，通常有立面造型。采用预制混凝土女儿墙的优势是能快速安装，节省工期并提高耐久性。女儿墙可以是单独的预制构件，也可以是顶层的墙板向上延伸，顶层外墙与女儿墙预制为一个构件。

7. 预制混凝土空调板

预制混凝土空调板通常采用预制混凝土实心板，板侧预留钢筋与主体结构相连，预制空调板通常与外墙板相连。

（二）围护构件

1. 外围护墙

预制混凝土外围护墙板是指预制商品混凝土外墙构件，包括预制混凝土叠合（夹心）墙板、预制混凝土夹心保温外墙板和预制混凝土外墙挂板。外墙板除应具有隔声与防火的功能外，还应具有隔热保温、抗渗、抗冻融、防碳化等作用和满足建筑艺术装饰的要求，外墙板可用轻骨料单一材料制成，也可采用复合材料（结构层、保温隔热层和饰面层）制成。

预制混凝土外围护墙板采用工厂化生产、现场进行安装的施工方法，具有施工周期短、质量可靠（对防止裂缝、渗漏等质量通病十分有效）、节能环保（耗材少，减少扬尘和噪声等）、工业化程度高及劳动力投入量少等优点，在国内外的住宅建筑上得到了广泛运用。

根据制作结构不同，预制外墙结构分为预制混凝土夹心保温外墙板和预制混凝土外墙挂板。

（1）预制混凝土夹心保温外墙板

预制混凝土夹心保温外墙板是集承重、围护、保温、防水、防火等功能于一体的重要装配式预制构件，由内叶墙板、保温材料、外叶墙板三部分组成。

夹心保温外墙板宜采用平模工艺生产，生产时应先浇筑外叶墙板混凝土层，再安装保温材料和拉结件，最后浇筑内叶墙板混凝土，可以使保温材料与结构同寿命。

(2) 预制混凝土外墙挂板

预制混凝土外墙挂板是在预制车间加工并运输到施工现场吊装的钢筋混凝土外墙板，在板底设置预埋铁件通过与楼板上的预埋螺栓连接使底部与楼板固定，再通过连接件使顶部与楼板固定。在工厂采用工业化生产，具有施工速度快、质量好、费用低的特点。

2. 预制内隔墙

预制内隔墙板按成型方式分为挤压成型墙板和立（或平）模浇筑成型墙板两种。

(1) 挤压成型墙板

挤压成型墙板，也称预制条形内墙板，是在预制工厂使用挤压成型机将轻质材料搅拌成均匀的料浆通过进入模板（模腔）成型的墙板。按断面不同分空心板、实心板两类，在保证墙板承载和抗剪前提下可以将墙体断面做成空心，这样可以有效降低墙体的质量并能通过墙体空心处空气的特性提高隔断房间内的保温、隔声效果；门边板端部为实心板，实心宽度不得小于 100 mm。

没有门洞口的墙体，应从墙体一端开始沿墙长方向顺序排板；有门洞口的墙体，应从门洞口开始分别向两边排板。当墙体端部的墙板不足一块板宽时，应设计补空板。

(2) 立（或平）模浇筑成型墙板

立（或平）模浇筑成型墙板，也称预制混凝土整体内墙板，是在预制车间按照所需样式使用钢模具拼接成型，浇筑或摊铺混凝土制成的墙体。

根据受力不同，内墙板使用单种材料或者多种材料加工而成。用聚苯乙烯泡沫板材、聚氨酯泡沫塑料、无机墙体保温隔热材料等轻质材料填充到墙体之中，绿色环保，可以减少混凝土用量，减少室内热量与外界的交换，增强墙体的隔声效果，并通过墙体自重的减轻而降低运输和吊装的成本。

（三）预制构件的制作和连接

1. 预制构件的制作

(1) 预制构件制作生产模具的组装

①模具组装应按照组装顺序进行，对于特殊构件，要求钢筋先入模后组装。

②模具拼装时，模板接触面平整度、板面弯曲、拼装缝隙、几何尺寸等应满足相关设

计要求。

③模具拼装应连接牢固、缝隙严密，拼装时应先进行表面清洗或涂刷水性或蜡质脱模剂，接触面不应有划痕、锈渍和氧化层脱落等现象。

④模具组装完成后尺寸允许偏差应符合要求，净尺寸宜比构件尺寸缩小1~2 mm。

（2）预制构件钢筋骨架、钢筋网片和预埋件

钢筋骨架、钢筋网片和预埋件必须严格按照构件加工图及下料单要求制作。首件钢筋制作，必须通知技术、质检及相关部门检查验收，制作过程中应当定期、定量检查，对不符合设计要求及超过允许偏差的一律不得使用，按废料处理。纵向钢筋（带灌浆套筒）及需要套丝的钢筋，不得使用切断机下料，必须保证钢筋两端平整，套丝长度、丝距及角度必须严格按照设计图纸要求。纵向钢筋（采用半灌浆套筒）按产品要求套丝，梁底部纵筋（直螺纹套筒连接）按照国标要求套丝，套丝机应当指定专门且有经验的工人操作，质检人员须按相关规定进行抽检。

（3）预制构件混凝土的浇筑

按照生产计划混凝土用量搅拌混凝土，混凝土浇筑过程中注意对钢筋网片及预埋件的保护，浇筑厚度使用专门的工具测量，严格控制，振捣后应当至少进行一次抹压。构件浇筑完成后进行一次收光，收光过程中应当检查外露的钢筋及预埋件，并按照要求调整。浇筑时，撒落的混凝土应当及时清理。浇筑过程中，应充分有效地振捣，避免出现因漏振造成的蜂窝麻面现象，浇筑时按照实验室要求预留试块，混凝土浇筑时应符合下列要求。

①混凝土应均匀连续浇筑，投料高度不宜大于500 mm。

②混凝土浇筑时应保证模具、门窗框、预埋件、连接件不发生变形或者移位，如有偏差应采取措施及时纠正。

③混凝土宜采用振动平台，边浇筑、边振捣，同时可采用振捣棒、平板振动器作为辅助。

④混凝土从出机到浇筑时间（即间歇时间）不应超过40 min。

（4）预制构件混凝土的养护

混凝土养护可采用覆盖浇水和塑料薄膜覆盖自然养护、化学保护膜养护和蒸汽养护方法。桩、柱等体积较大的预制混凝土构件宜采用自然养护方式；楼板、墙板等较薄的预制混凝土构件或冬期生产的预制混凝土构件，宜采用蒸汽养护方式。预制构件采用加热养护时，应制定相应的养护制度，预养时间宜为1~3 h，升温速率应为10~20℃/h，降温速率不应大于10℃/h；梁、柱等较厚的预制构件养护温度为40℃，楼板、墙板等较薄的构件

养护最高温度为60℃，持续养护时间应不小于4 h。

2. 预制构件的连接

（1）结构材料的连接

①焊接连接

焊接是指通过加热（必要时加压），使两根钢筋达到原子间结合的一种加工方法，将原来分开的钢筋构成一个整体。

常用的焊接方法分为以下三种。

第一，熔焊。在焊接过程中，将焊件加热至熔融状态、不加压力完成的焊接方法通称为熔焊。常见的有等离子弧焊、气焊、气体（二氧化碳）保护焊、电弧焊、电渣焊。

第二，压焊。在焊接过程中必须对焊件施加压力（加热或不加热）完成的焊接方法称为压焊。

第三，钎焊。把各种材料加热到适当的温度，通过使用液相线温度高于450℃，但低于母材固相线温度的钎料完成材料的连接称为钎焊。

装配整体式混凝土结构中应用的主要是热熔焊接。根据焊接长度的不同，分为单面焊和双面焊。根据作业方式的不同，分为平焊和立焊。

焊接连接应用于装配整体式框架结构、装配整体式剪力墙结构中后浇混凝土内的钢筋的连接以及钢结构构件连接。

焊接连接是钢结构工程中较为常见的梁柱连接形式，即连接节点采用全熔透坡口对接焊缝连接。

型钢焊接连接可以随工程任意加工、设计及组合，并可制造特殊规格，配合特殊工程之实际需要。

②浆锚搭接连接

浆锚搭接连接是基于黏结锚固原理进行连接的方法，在竖向结构部品下段范围内预留出竖向孔洞，孔洞内壁表面留有螺纹状粗糙面，周围配有横向约束螺旋箍筋。装配式构件将下部钢筋插入孔洞内，通过灌浆孔注入灌浆料，直至排气孔溢出时停止灌浆，当灌浆料凝结后将此部分连接成一体。

浆锚搭接连接时，要对预留孔成孔工艺、孔道形状和长度、构造要求、灌浆料和被连接钢筋进行力学性能以及适用性的试验验证。

其中，直径大于20 mm的钢筋不宜采用浆锚搭接连接；直接承受动力荷载构件的纵向钢筋不应采用浆锚搭接连接。

浆锚搭接连接成本低、操作简单，但因结构受力的局限性，浆锚搭接连接只适用于房屋高度不大于12 m或者层数不超过3层的装配整体式框架结构的预制柱纵向钢筋连接。

③螺栓连接、栓焊混合连接

螺栓连接即连接节点以普通螺栓或高强螺栓现场连接，以传递轴力、弯矩与剪力的连接形式。

栓焊混合连接是目前多层、高层钢框架结构工程中最为常见的梁柱连接节点形式，即梁的上、下翼缘采用全熔透坡口对接焊缝，而梁腹板采用普通螺栓或高强螺栓与柱连接的形式。

④机械连接

钢筋机械连接是指通过连接件的机械咬合作用或钢筋端面的承压作用，将一根钢筋中的力传递至另一根钢筋的连接方法。

钢筋机械连接主要有两种类型，分别为钢筋套筒挤压连接、钢筋滚压直螺纹连接。

第一，钢筋套筒挤压连接。通过挤压力使连接件钢套筒塑性变形与带肋钢筋紧密咬合形成的接头。有两种形式即径向挤压连接和轴向挤压连接。由于轴向挤压连接现场施工不方便且接头质量不够稳定，没有得到推广。

第二，钢筋滚压直螺纹连接。通过钢筋端头直接滚压或挤（碾）肋滚压或剥肋后滚压制作的直螺纹和连接件螺纹咬合形成的接头。其基本原理是利用了金属材料塑性变形后冷作硬化增强金属材料强度的特性，而仅在金属表层发生塑变、冷作硬化，金属内部仍保持原金属的性能，从而使钢筋接头与母材达到等强。

钢筋滚压直螺纹连接主要应用于装配整体式框架结构、装配整体式剪力墙结构、装配整体式框—剪结构中的后浇混凝土内纵向钢筋的连接。

（2）构件连接的节点构造及钢筋布设

①混凝土叠合楼（屋）面板的节点构造

混凝土叠合受弯构件是指预制混凝土梁板顶部在现场后浇混凝土而形成的整体受弯构件。装配整体式结构组成中根据用途将混凝土分为叠合构件混凝土和构件连接混凝土。

叠合楼（屋）面板的预制部分多为薄板，在预制构件加工厂完成。施工时吊装就位，现浇部分在预制板面上完成。预制薄板作为永久模板又作为楼板的一部分承担使用荷载，具有施工周期短、制作方便、构件较轻的特点，其整体性和抗震性能较好。

叠合楼（屋）面板结合了预制和现浇混凝土各自的优势，兼具现浇和预制楼（屋）面板的优点，能够节省模板支撑系统。

a. 叠合楼（屋）面板的分类。主要有预应力混凝土叠合板、预制混凝土叠合板、桁架钢筋混凝土叠合板等。

b. 叠合楼（屋）面板的节点构造应注意四个方面的问题。

第一，预制混凝土与后浇混凝土之间的结合面应设置粗糙面。粗糙面的凹凸深度不应小于4 mm，以保证叠合面具有较强的黏结力，使两部分混凝土共同有效地工作。

预制板厚度由于脱模、吊装、运输、施工等因素，最小厚度不宜小于60 mm。后浇混凝土层最小厚度不应小于60 mm，主要考虑楼板的整体性以及管线预埋、面筋铺设、施工误差等因素。当板跨度大于3 m时，宜采用桁架钢筋混凝土叠合板，可增加预制板的整体刚度和水平抗剪性能；当板跨度大于6 m时，宜采用预应力混凝土预制板，降低工程造价；板厚大于180 mm的叠合板，其预制部分采用空心板，空心板端空腔应封堵，可减轻楼板自重，提高经济性能。

第二，叠合板支座处的纵向钢筋应符合下列规定。

端支座处，预制板内的纵向受力钢筋宜从板端伸出并锚入支撑梁或墙的后浇混凝土中，锚固长度不应小于5d（d为纵向受力钢筋直径），且宜伸过支座中心线。

叠合板的板侧支座处，当板底分布钢筋不伸入支座时，宜在紧邻预制板顶面的后浇混凝土叠合层中设置附加钢筋，附加钢筋截面面积不宜小于预制板内的同向分布钢筋面积，间距不宜大于600 mm，在板的后浇混凝土叠合层内锚固长度不应小于15 d，在支座内锚固长度不应小于15 d（d为附加钢筋直径）且宜伸过支座中心线。

第三，单向叠合板板侧的分离式接缝宜配置附加钢筋。接缝处紧邻预制板顶面宜设置垂直于板缝的附加钢筋，附加钢筋伸入两侧后浇混凝土叠合层的锚固长度不应小于15 d（a为附加钢筋直径）；附加钢筋截面面积不宜小于预制板中该方向钢筋面积，钢筋直径不宜小于6 mm、间距不宜大于250 mm。

第四，双向叠合板板侧的整体式接缝处由于有应变集中情况，宜将接缝设置在叠合板的次要受力方向上且宜避开最大弯矩截面。接缝可采用后浇带形式，并应符合下列规定：后浇带宽度不宜小于200 mm；后浇带两侧板底纵向受力钢筋可在后浇带中焊接、搭接连接、弯折锚固。

当后浇带两侧板底纵向受力钢筋在后浇带中弯折锚固时，应符合下列规定：叠合板厚度不应小于10 d（d为弯折钢筋直径的较大值），且不应小于120 mm；垂直于接缝的板底纵向受力钢筋配置量宜按计算结果增大15%配置；接缝处预制板侧伸出的纵向受力钢筋应在后浇混凝土叠合层内锚固，且锚固长度不应小于两侧钢筋在接缝处重叠的长度不应小于

10d，钢筋弯折角度不应大于30°，弯折处沿接缝方向应配置不少于2根通长构造钢筋，且直径不应小于该方向预制板内钢筋直径。

②叠合梁（主次梁）、预制柱的节点构造

a. 叠合梁的节点构造。在装配整体式框架结构中，常将预制梁做成矩形或T形截面。首先在预制厂内做成预制梁，在施工现场将预制楼板搁置在预制梁上（预制楼板和预制梁下须设临时支撑），安装就位后，再浇注梁上部的混凝土使楼板和梁连接成整体，即成为装配整体式结构中分两次浇捣混凝土的叠合梁。它充分利用了钢材的抗拉性能和混凝土的受压性能，结构的整体性较好，施工简单方便。

混凝土叠合梁的预制梁截面一般有两种，分为矩形截面预制梁和凹口截面预制梁。

装配整体式框架结构中，当采用矩形截面预制梁时，预制梁端的粗糙面凹凸深度不应小于6 mm，框架梁的后浇混凝土叠合层厚度不宜小于150 mm，次梁的后浇混凝土叠合板厚度不宜小于120 mm；当采用凹口截面预制梁时，凹口深度不宜小于50 mm，凹口边厚度不宜小于60 mm。

为提高叠合梁的整体性能，使预制梁与后浇层有效地结合为整体，预制梁与后浇混凝土、灌浆料、坐浆材料的结合面应设置粗糙面，预制梁端面应设置键槽。

预制梁端的粗糙面凹凸深度不应小于6 mm，键槽尺寸和数量应按《装配式混凝土结构技术规程》（JGJ 1-2014）第7.2.2条的规定计算确定。

键槽的深度t不宜小于30 mm，宽度不宜小于深度的3倍且不宜大于深度的10倍；键槽可贯通截面，当不贯通时槽口距离截面边缘不宜小于50 mm，键槽间距宜等于键槽宽度，键槽端部斜面倾角不宜大于30°；粗糙面的面积不宜小于结合面的80%。

b. 预制柱的节点构造。预制混凝土柱连接节点通常为湿式连接。

二、装配式建筑施工技术

（一）构件安装

1. 预制柱施工技术要点

根据预制柱平面各轴的控制线和柱框线校核预埋套管位置的偏移情况，做好记录。

检查预制柱进场的尺寸、规格，混凝土的强度是否符合设计和规范要求，检查柱上预留套管及预留钢筋是否满足图纸要求、套管内是否有杂物；同时做好记录，并与现场预留套管的检查记录进行核对，无问题才可进行吊装。

吊装前在柱四角放置金属垫块，以利于预制柱的垂直度校正，按照设计标高，结合柱子长度对偏差进行确认。用经纬仪控制垂直度，若有少许偏差可运用千斤顶等进行调整。

柱初步就位时应将预制柱钢筋与下层预制柱的预留钢筋初步试对，无问题后准备进行固定。

预制柱接头连接采用套筒灌浆连接技术。

柱脚四周采用坐浆材料封边，形成密闭灌浆腔，保证在最大灌浆压力（约 1 MPa）下密封有效。

如所有连接接头的灌浆口都未被封堵，当灌浆口漏出浆液时，应立即用胶塞封堵牢固；如排浆孔事先封堵胶塞，应摘除其上的封堵胶塞，直至所有灌浆孔都流出浆液并已封堵后，等待排浆孔出浆。

一个灌浆单元只能从一个灌浆口注入，不得同时从多个灌浆口注浆。

2. 预制梁施工技术要点

测出柱顶与梁底标高误差，在柱上弹出梁边控制线。

在构件上标明每个构件所属的吊装顺序和编号，便于吊装工人辨认。

梁底支撑采用立杆支撑+可调顶托+100 mm× 100 mm 木方，预制梁的标高通过支撑体系的顶丝来调节。

梁起吊时，用吊索钩住扁担梁的吊环，吊索应有足够的长度以保证吊索和扁担梁之间的角度≥60°。

当梁初步就位后，借助柱头上的梁定位线将梁精确校正，在调平的同时将下部可调支撑上紧，这时方可松去吊钩。

主梁吊装结束后，根据柱上已放出的梁边和梁端控制线，检查主梁上的次梁缺口位置是否正确，如不正确，须做相应处理后方可吊装次梁，梁在吊装过程中要按柱对称吊装。

预制梁板柱接头连接。

键槽混凝土浇筑前应将键槽内的杂物清理干净，并提前 24 h 浇水湿润。

键槽钢筋绑扎时，为确保钢筋位置的准确，键槽预留 U 形开口箍，待梁柱钢筋绑扎完成后，在键槽上安装 ∩ 形开口箍与原预留 U 形开口箍双面焊接 $5d$（d 为钢筋直径）。

3. 预制剪力墙施工技术要点

（1）承重墙板吊装准备，由于吊装作业需要连续进行，所以吊装前的准备工作非常重要，首先在吊装就位之前将所有柱、墙的位置在地面弹好墨线，根据后置埋件布置图，采用后钻孔法安装预制构件定位卡具，并进行复核检查；同时对起重设备进行安全检查，并在空载状态下对吊臂角度、负载能力、吊绳等进行检查，对吊装困难的部件进行空载实际演练（必须进行），将导链、斜撑杆、膨胀螺栓、扳手、2 m 靠尺、开孔电钻等工具准备齐全，操作人员对操作工具进行清点。检查预制构件预留灌浆套筒是否有缺陷、杂物和油污，保证灌浆套筒完好；提前架好经纬仪、激光水准仪并调平。填写施工准备情况登记表，施工现场负责人检查核对签字后方可开始吊装。

（2）起吊预制墙板，吊装时采用带八字链的扁担式吊装设备，加设缆风绳。

（3）顺着吊装前所弹墨线缓缓下放墙板，吊装经过的区域下方设置警戒区，施工人员应撤离，由信号工指挥，就位时待构件下降至作业面 1 m 左右高度时施工人员方可靠近操作，以保证操作人员的安全。墙板下放好垫块，垫块保证墙板底标高的正确（注：也可提前在预制墙板上安装定位角码，顺着定位角码的位置安放墙板）。

（4）墙板底部局部套筒若未对准时可使用八字链将墙板手动微调，重新对孔。底部没有灌浆套筒的外填充墙板直接顺着角码缓缓放下墙板。垫板造成的空隙可用坐浆方式填补。为防止坐浆料填充到外叶板之间，在墙板处补充 50 mm× 20 mm 的保温板（或橡胶止水条）堵塞缝隙。

（5）垂直坐落在准确的位置后使用激光水准仪复核水平方向是否有偏差，无误差后，利用预制墙板上的预埋螺栓和地面后置膨胀螺栓（将膨胀螺栓在环氧树脂内蘸一下，立即打入地面）安装斜支撑杆，用检测尺检测预制墙体垂直度及复测墙顶标高后，利用斜撑杆调节好墙体的垂直度，方可松开吊钩。

（6）斜撑杆调节完毕后，再次校核墙体的水平位置和标高、垂直度，以及相邻墙体的平整度。检查工具有经纬仪、水准仪、靠尺、水平尺、铅锤、拉线。

4. 预制阳台、空调板施工技术要点

（1）每块预制构件吊装前测量并弹出相应周边（隔板、梁、柱）控制线。

（2）板底支撑采用钢管脚手架+可调顶托+100 mm×100 mm 木方，板吊装前应检查是否有可调支撑高出设计标高，校对预制梁及隔板之间的尺寸是否有偏差，并做相应调整。

（3）预制构件吊至设计位置上方 3 ~6 cm 后，调整位置使锚固筋与已完成结构预留筋错开，便于就位，构件边线基本与控制线吻合。

（4）当一跨板吊装结束后，要根据板周边线、隔板上弹出的标高控制线对板标高及位置进行精确调整，误差控制在 2 mm 以内。

5. 预制外墙挂板施工技术要点

(1) 外墙挂板施工前准备

每层楼面轴线垂直控制点不应少于4个，楼层上的控制轴线应使用经纬仪由底层原始点直接向上引测；每个楼层应设置1个高程控制点；预制构件控制线应由轴线引出，每块预制构件应有纵横控制线2条；预制外墙挂板安装前应在墙板内侧弹出竖向与水平线，安装时应与楼层上该墙板控制线相对应。当采用饰面砖作为外装饰时，饰面砖竖向、横向砖缝应引测。贯通到外墙内侧来控制相邻板与板之间、层与层之间饰面砖砖缝对直；预制外墙挂板垂直度测量，4个角留设的测点为预制外墙挂板转换控制点，用靠尺以此4个点在内侧进行垂直度校核和测量；应在预制外墙挂板顶部设置水平标高点，在上层预制外墙挂板吊装时，应先垫垫块或在构件上预埋标高控制调节件。

(2) 外墙挂板的吊装

预制构件应按照施工方案吊装顺序预先编号，严格按照编号顺序起吊；吊装应采用慢起、稳升、缓放的操作方式，应系好缆风绳控制构件转动；在吊装过程中，应保持稳定，不得偏斜、摇摆和扭转。预制外墙挂板的校核与偏差调整应按以下要求进行。

①预制外墙挂板侧面中线及板面垂直度的校核，应以中线为主调整。

②预制外墙挂板上下校正时，应以竖缝为主调整。

③墙板接缝应以满足外墙面平整为主，内墙面不平或翘曲时，可在内装饰或内保温层内调整。

④预制外墙挂板山墙阳角与相邻板的校正，以阳角为基准调整。

⑤预制外墙挂板接缝平整的校核，应以楼地面水平线为基准调整。

(3) 外墙挂板底部固定、外侧封堵

外墙挂板底部坐浆材料的强度等级不应小于被连接构件的强度，坐浆层的厚度不应大于20 mm，底部坐浆强度检验以每层为一个检验批，每个工作班组应制作一组且每层不应少于3组边长为70.7 mm的立方体试件，标准养护28 d后进行抗压强度试验。为了防止外墙挂板外侧坐浆料外漏，应在外侧保温板部位固定50 mm（宽）×20 mm（厚）的具备A级保温性能的材料进行封堵。

预制构件吊装到位后应立即进行下部螺栓固定并做好防腐防锈处理。上部预留钢筋与叠合板钢筋或框架梁预埋件焊接。

(4) 预制外墙挂板连接接缝施工

预制外墙挂板连接接缝采用防水密封胶，施工时应符合下列规定。

①预制外墙挂板连接接缝防水节点基层及空腔排水构造做法应符合设计要求。

②预制外墙挂板外侧水平、竖直接缝的防水密封胶封堵前，侧壁应清理干净，保持干燥。嵌缝材料应与挂板牢固黏结，不得漏嵌和虚黏。

③外侧竖缝及水平缝防水密封胶的注胶宽度、厚度应符合设计要求，防水密封胶应在预制外墙挂板校核固定后嵌填，先安放填充材料，然后注胶。防水密封胶应均匀顺直，饱满密实，表面光滑连续。

（二）钢筋套筒灌浆技术

钢筋套筒灌浆技术是装配式混凝土工程的一个重要连接方式和质量要点。

1. 套筒灌浆连接的工作机理

套筒灌浆连接可视为一种钢筋机械连接，但与直螺纹等接头的工作机理不同，套筒灌浆接头依靠材料间的黏结来达到钢筋锚固连接作用。当钢筋受拉时，拉力通过钢筋、灌浆料结合面的黏结作用传递给灌浆料，灌浆料再通过其与套筒内壁结合面的黏结作用传递给套筒。

套筒灌浆接头的理想破坏模式为套筒外钢筋被拉断破坏，接头起到有效的钢筋连接作用。除此之外，套筒灌浆接头也会受其他因素影响形成破坏模式，钢筋、灌浆料结合面在钢筋拉断前失效，会造成钢筋拔出破坏，这种情况下应增大钢筋锚固程度以避免此类破坏；灌浆料、套筒结合面在钢筋拉断前失效，会造成灌浆料拔出破坏，可在套筒上适当配置剪力墙以避免此类破坏；灌浆强度不够，会导致接头钢筋拉断前发生灌浆料劈裂破坏；套筒强度不够，会导致接头钢筋拉断前发生套筒拉断破坏。

2. 施工注意事项

（1）清理墙体接触面

墙体下落前应保持预制墙体与混凝土接触面无灰渣、无油污、无杂物。

（2）铺设高强度垫块

采用高强度垫块将预制墙体的标高找好，使预制墙体标高得到有效的控制。

（3）安放墙体

在安放墙体时应保证每个注浆孔通畅，预留孔洞满足设计要求，孔内无杂物。

（4）调整并固定墙体

墙体安放到位后采用专用支撑杆件进行调节，保证墙体垂直度、平整度在允许误差范围内。

(5) 墙体两侧密封

根据现场情况，采用砂浆对两侧缝隙进行密封，确保灌浆料不从缝隙中溢出，减少浪费。

(6) 润湿注浆孔

注浆前应用水将注浆孔润湿，避免因混凝土吸水导致注浆强度达不到要求，且与灌浆孔连接不牢靠。

(7) 拌制灌浆料

搅拌完成后应静置 3 ~ 5 min，待气泡排除后方可进行施工。灌浆料流动度在 200 ~300 mm 为合格。

(8) 注浆

采用专用的注浆机注浆，该注浆机使用一定的压力，将灌浆料由墙体下部注浆孔注入，灌浆料先流向墙体下部 20 mm 找平层，当找平层注满后，注浆料由上部排气孔溢出，视为该孔注浆完成，并用泡沫塞子进行封堵。至该墙体所有上部注浆孔均有浆料溢出后视为该面墙体注浆完成。

(9) 进行个别补注

完成注浆半个小时后检查上部注浆孔是否有因注浆料的收缩、堵塞不及时、漏浆造成的个别孔洞不密实情况。如有则用手动注浆器对该孔进行补注。

(10) 进行封堵

注浆完成后，通知监理进行检查，合格后进行注浆孔的封堵，封堵要求与原墙面平整，并及时清理墙面上、地面上的余浆。

（三）后浇混凝土

1. 竖向节点构件钢筋绑扎

(1) 现浇边缘构件节点钢筋

①调整预制墙板两侧的边缘构件钢筋，构件吊装就位。

②绑扎边缘构件纵筋范围内的箍筋，绑扎顺序是由下而上，然后将每个箍筋平面内的甩出筋、箍筋与主筋绑扎固定就位。由于两墙板间的距离较为狭窄，制作箍筋时将箍筋做成开口箍状，以便箍筋绑扎。

③将边缘构件纵筋范围以外的箍筋套入相应的位置，并固定于预制墙板的甩出钢筋上。

④安放边缘构件纵筋并将其与插筋绑扎固定。

⑤将已经套接的边缘构件箍筋安放调整到位，然后将每个箍筋平面内的甩出筋、箍筋与主筋绑扎固定就位。

（2）竖缝处理

在绑扎节点钢筋前先将相邻外墙板间的竖缝封闭（与预制墙板的竖缝处理方式相同）。

外墙板内缝处理：在保温板处填塞发泡聚氨酯（待发泡聚氨酯溢出后，视为填塞密实），内侧采用带纤维的胶带封闭。

外墙板外缝处理（外墙板外缝可以在整体预制构件吊装完毕后再行处理）：先填塞聚乙烯棒，然后在外皮打建筑耐候胶。

2．支设竖向节点构件模板

支设边缘构件及后浇段模板。充分利用预制内墙板间的缝隙及内墙板上预留的对拉螺栓孔充分拉模以保证墙板边缘混凝土模板与后支钢模板（或木模板）连接紧固好，防止胀模。支设模板时应注意以下两点。

（1）节点处模板应在混凝土浇筑时不产生明显变形漏浆，且不宜采用周转次数较多的模板。为防止漏浆污染预制墙板，模板接缝处粘贴海绵条。

（2）采取可靠措施防止胀模。设计时按钢模考虑，施工时也可使用木模，但要保证施工质量。

3．叠合梁板上部钢筋安装

（1）键槽钢筋绑扎时，为确保 U 形钢筋位置的准确，在钢筋上口加入钢筋，卡在键槽当中作为键槽钢筋的分布筋。

（2）叠合梁板上部钢筋施工。所有钢筋交错点均绑扎牢固，同一水平直线上相邻绑扣呈八字形，朝向混凝土构件内部。

4．浇筑楼板上部及竖向节点构件混凝土

（1）绑扎叠合楼板负弯矩钢筋和板缝加强钢筋网片，设置预埋管线、埋件、套管、预留洞等。浇筑时，在露出的柱子插筋上做好混凝土板顶标高标志，利用外圈叠合梁上的外侧预埋钢筋固定边模专用支架，调整边模顶标高至板顶设计标高，浇筑混凝土，利用边模顶面和柱插筋上的标高控制标志控制混凝土厚度和混凝土平整度。

（2）当后浇叠合楼板混凝土强度符合现行国家及地方规范要求时，方可拆除叠合板下临时支撑，以防止叠合梁发生侧倾或混凝土因过早承受拉力而使现浇节点出现裂缝。

第二节 超高层建筑绿色施工技术

一、超高层建筑地下工程绿色施工技术

（一）发展历程

随着中国超高层建筑施工技术的不断发展，目前超高层建筑的建造已逐渐由一线城市向二三线城市扩展。打造绿色超高层建筑，除了合理利用设计及运营关键技术，还需要正确地把握现行绿色建筑及绿色施工的标准规程，根据相关要求及评价标准，对应提出地下工程与主体结构施工过程中所使用的绿色施工技术要点，同时根据目前国情对清洁再生能源在施工过程中的应用提出设想。

（二）顺作法与逆作法

地下工程的顺作法是在施工完成基坑四周围护结构后再进行地下结构的施工。由于全部基坑已经开挖完成，给地下结构施工留下了较大的施工作业面，使得施工过程相对简单，造价较低，工作质量也易于控制。但由于顺作法多适用于浅基础的施工，对处于城市建筑较密集处的超高层建筑深基坑开挖来说，若全部使用顺作法进行地下结构施工，基坑开挖深度深、面积大，施工周期长，施工作业面小，同时可能会造成对周围环境不可逆影响的。

逆作法施工技术是目前最先进的高层建筑物施工技术方法。逆作法先沿建筑物地下室轴线或周围施工地下连续墙或其他支护结构施工，同时在建筑物内部的有关位置浇筑或打下中间支承桩和柱，作为施工期间于底板封底之前承受上部结构自重和施工荷载的支撑。然后施工地面一层的梁板楼面结构作为地下连续墙刚度很大的支撑，逐层向下开挖土方和浇筑各层地下结构，直至底板封底。同时，由于地面一层的楼面结构已完成，为上部结构施工创造了条件，所以可以同时向上逐层进行地上结构的施工。如此地面上、下同时进行施工，直至工程结束。逆作法能够减小支护结构的变形量，保护周边环境；同时逆作法在地下室一层顶板施工完成后再挖土，还能够有效减少场地扬尘与施工噪声。

（三）施工部署与绿色环保

目前超高层建筑多建于房屋密集区，对深基坑开挖和地下结构施工进行合理的施工部署，不仅能节省施工用地，减少施工对周边区域环境的影响，还能使地下结构尽早完工，降低地下结构施工对既有建筑物地基扰动、地面沉降等不可逆转的环境破坏的风险。

在实际的工程施工过程中，由于基坑平面尺寸大，地下结构规模大，为了使控制工期的主楼地下部分尽早施工完成，基坑施工常采用顺逆结合的开挖方式，即主楼的地下结构采用顺作法施工，裙房的地下结构采用逆作法施工。这样裙楼基坑的施工不会影响到主楼，还能为主楼结构施工提供较大的地面施工空间，节省施工用地。

（四）水资源保护

在地下水位较高的地区，地下工程的施工必须考虑基坑开挖时地下水的浪费，利用尽可能少的成本来有效减少地下水的浪费，是在地下工程中实现水资源保护的关键。目前常用的技术有基坑封闭降水技术和基坑水回收利用技术。

基坑封闭降水技术主要是利用在基坑周边设置渗透系数较小的封闭止水帷幕，有效地阻止地下水向基坑内部渗流，并抽取开挖范围内的少量地下水来控制地下水的浪费。一般的封闭止水帷幕包括深层水凝土搅拌桩、高压旋喷桩、地下连续墙和一些可兼作止水帷幕的支护结构。同时，在降水期间以及降水后一段时期内，还应对地下水位的变化、抽水量、基坑周边的地面沉降以及邻近建筑物和管线的变形等一系列数据持续监测。

基坑水回收利用技术由基坑施工降水回收利用技术以及雨水回收利用技术两部分组成。基坑降水回收利用技术可概括为“一引一排”两类。一引，将上层滞水引渗至下层潜水层中，使基坑水回灌至地下；一排，将降水抽取的基坑水集中存放，可用作洗漱、冲刷厕所等生活用水及现场扬尘控制用水，若该水体经过处理或水质达到要求，还可用作结构养护用水以及基坑支护用水。雨水回收利用技术是指施工过程中收集的雨水经过渗蓄、沉淀等处理后集中存放，用于施工现场降尘绿化，也可经过处理作为结构养护用水和基坑支护用水。

二、超高层建筑结构施工的模板脚手架施工技术

（一）整体提升钢平台体系

1. 整体提升钢平台体系的基本组成

（1）钢平台

钢结构平台亦称工作平台。现代钢结构平台结构形式多样，功能也一应俱全。其结构

最大的特点是全组装式结构，设计灵活，在现代的存储中应用较为广泛。由钢材制成的工程结构，通常由型钢和钢板等制成的梁、柱、板等构件组成；各部分之间用焊接、螺丝或例钉等连接。

①钢平台的分类

第一，按使用要求可分为室内和室外平台，承受静力荷载和动力荷载平台、生产辅助平台，以及中、重型操作平台等。

第二，按照支座处理方式的不同，平台结构还可分为直接搁在厂房柱的三角架或牛腿上的平台，功能通常为安全通道或为一种简单的中型操作平台；一侧支撑于厂房柱或建筑物墙体，另一侧设独立柱的平台；支撑于大型设备上的平台；全部为独立的平台。

②平台结构的布置

第一，满足工艺生产操作的要求，保证通行和操作的净空。一般通行净高度不应小于 1.8 m，平台四周一般均应设置防护栏杆，栏杆高度一般为 1m。当平台高度大于 2 m 时，尚应在防护栏杆下设置高度为 100 ~ 150 mm 的踢脚板。平台应设置供上下通行的梯子，梯子的宽度不宜小于 600 mm。

第二，确定平台结构的平面尺寸、标高、梁格及柱网，布置时除满足使用要求外，梁、柱的布置尚应考虑平台上的设备荷载和其他较大的集中荷载的位置以及大直径工业管道的吊挂等。

第三，平台结构的布置，应力求做到经济合理，传力直接明确。梁格的布置应与其跨度相适应。当梁的跨度较大时，其间距也宜增大。充分利用铺板的允许跨距，合理布置梁格，以求得较好的经济效果。

（2）格构柱

格构柱，截面一般为型钢或钢板设计成双轴对称或单轴对称的截面。

钢格构柱根据墙体的厚度，选择格构柱的截面大小，并且按照其承受荷载及施工要求布置格构柱的间距。钢格构柱一般由等边角钢及缀板组成。钢平台在使用过程中，通过承重销将钢平台系统的整体荷载传递至钢格构柱。升板机在提升整体钢平台脚手模板系统时，安装在格构柱顶部，通过承重销将荷载传递至格构柱。

格构柱用作压弯构件，多用于厂房框架柱和独立柱，截面一般为型钢或钢板设计成双轴对称或单轴对称截面。格构体系构件由肢件和缀材组成，肢件主要承受轴向力，缀材主要抵抗侧向力（相对于肢体轴向而言）。格构柱缀材形式主要有缀条和缀板。格构柱的结构特点是，将材料面积向距离惯性轴元的地方布置，能保证相同轴向抗力条件下增强构件抗弯性能，并且节省材料。

（3）升板机

升板机（又名落板机，全自动垛砖机）。液压升降落板机置与切坯机前，用于传送从切坯机切割成型的砖坯，并配备液压升降装置配合液压升降运坯车。

在钢平台提升到位后，钢平台搁置于承重销上，升板机通过丝杆反向旋转顶升升板机，将升板机顶升至合适位置，准备下一次提升钢平台。

（4）大模板

大模板为一块大尺寸的工具式模板，一般是一块墙面用一块大模板。

大模板由面板、加劲肋、支撑桁架、稳定机构等组成。面板多为钢板或胶合板，亦可用小钢模组拼；加劲肋多用槽钢或角钢；支撑桁架由槽钢和角钢组成。

大模板是采用专业设计和工业化加工制作而成的一种工具式模板，一般与支架连为一体。由于它自重大，施工时须配以相应的吊装和运输机械，用于现场浇筑混凝土墙体。它具有安装和拆除简便、尺寸准确、板面平整、周转使用次数多等优点。

采用大模板进行建筑施工的工艺特点是以建筑物的开间、进深、层高为基础进行大模板设计、制作，以大模板为主要施工手段，以现浇钢筋混凝土墙体为主导工序，组织有节奏的均衡施工。这种施工方法工艺简单，施工速度快，工程质量好，结构整体性强，抗震能力好，混凝土表面平整光滑，可以减少抹灰湿作业。由于它的工业化、机械化施工程度高，综合技术经济效益好，因而受到普遍欢迎。

2. 整体提升钢平台的绿色施工技术特点

（1）整体钢平台体系一般采用全封闭设计，保证了高空作业的安全性。

（2）整体钢平台体系一般采用大操作面设计，为大量施工材料、设备堆放提供空间，也保证了垂直运输的进度要求。

（3）整体钢平台体系采用自动提升、顶升模架或工作平台，自动化水平较高，节省人力。

（4）整体钢平台体系采用的施工平台及脚手架系统可周转使用，支撑体系也由单一的内筒外架支撑体系不断发展至格构柱支撑体系，同时考虑支撑体系的周转使用率和一次性投入的成本，不断自主创新形成新型支撑体系，如系劲性钢柱支撑体系、钢柱筒架交替式支撑体系等。

（二）液压爬模体系

1. 液压爬模体系的基本组成

液压爬模体系由爬升器、液压顶升系统、爬升导轨、爬架和模板系统五部分组成。液压爬模体系以达到一定强度（10 MPa 以上）的剪力墙为承载体，通过液压顶升系统和上下两个防坠爬升器分别提升导轨和架体（模板与架体相对固定），来实现架体与导轨的互爬，再利用后移装置实现模板的水平进退，然后合模来浇筑核心筒混凝土墙体，同时配合组合大模板来浇筑楼板。

2. 液压爬模体系的绿色施工技术特点

（1）液压爬模体系安全系数高

由上至下全部封闭防护，平台临边采用钢管栏杆，外墙爬模架体外侧面使用菱形钢板安全网，内衬密目安全网，同时在爬模平台与墙体之间使用两道翻板封闭，以防坠物。

（2）液压爬模体系效率高

液压爬模体系采用的组合大模板可定型，模数统一，模板刚度好，面板平整光滑，因此周转使用次数多，一般能够满足工程一次组装、使用到顶的要求。

（3）液压爬模体系操作方便

液压爬模体系采用自动提升、顶升模架或工作平台，自动化水平较高，节省人力。

（三）对固体废弃物的处理以及噪声、扬尘的控制

1. 对固体废弃物的处理

绿色施工对固体废弃物的处理主要遵循全循环的原则。由于超高层建筑的模板体系为多次周转材料，这里讨论的主要为浇筑混凝土过程中的固体废弃物，其中关键的绿色施工技术有超高压水洗技术以及高压泵管余料回收技术。

超高层建筑的高压泵管由于输送线路较长，混凝土浇筑完成后，泵管管线中仍存有大量的混凝土，而回收泵管余料可根据泵送高度选择传统水洗（200 m 以下）和气洗（100 m 以下）两种方式。传统的水洗方法以清水作为介质泵送混凝土余料，通过放置于管道内的海绵球将混凝土挤出，但由于海绵球无法阻止水的渗透，使大量的水穿过海绵球并进入混凝土，从而将混凝土中的砂浆冲走，导致剩下的粗骨料因失去流动性而引起堵管。因此将 1 ~ 2m^3 的砂浆代替海绵球进行第一道泵送清洗，然后再加入清水进行第二道泵送清洗。在水与混凝土之间有一段砂浆过渡，避免了混凝土中的砂浆被冲离，保证了水

洗的正常进行。而气洗方法由于以空气为媒介，不需要大量的水，因此只要满足一定的空气压力即可将余料顺利泵送，但需要在管路的末端安装安全盖，施工人员也要远离出口方向。利用气洗或水洗方法回收的混凝土余料还可以与现场钢筋短料制作成绿色路面，通过循环铺设现场施工道路和堆料场地，减少资源浪费和固体垃圾数量。

2. 对噪声的控制

绿色施工对噪声的控制主要从来源、传播途径和接受者三个环节着手，即从来源上减小甚至消除噪声的发生，在噪声传播过程中尽量增大其损耗，在必要的时候还需要建立具有吸收或反射噪声能力的保护屏障。一般高层建筑主体结构施工过程中的主要噪声来源有模板工程、钢筋工程中的材料加工以及混凝土工程中的混凝土泵送与振捣。

由于超高层建筑施工时通常会选用之前所述的整体钢平台体系或液压爬模体系，这些模板体系多次周转使用降低了模板拆除过程中的噪声影响。因此模板工程中的主要噪声来源为液压设备工作，主要控制措施包括经常清空油管中的空气以及更换老化零件。

钢筋工程中的主要噪声来源为钢筋加工过程中机械设备工作和焊接钢筋过程中产生的噪声。因此，在选择钢筋加工棚的位置时，应选用场地内远离噪声敏感点的位置并加设隔音棚。同时，钢结构部分可多采用工厂化生产，把部分现场施工作业转移至工厂制作，钢筋的连接方式也可由直螺纹套筒连接取代现场焊接。

混凝土工程中的主要噪声来源为混凝土的泵送和振捣过程。主要控制措施有混凝土泵的全封闭处理，先用带骨架的木板外罩进行封闭，再在外部加盖一层隔音布降低噪声外溢；同时，还需要合理安排主体结构混凝土的浇筑时间，尽量安排在白天进行作业。

3. 对扬尘的控制

超高层建筑施工过程中建筑材料的运输、装卸、堆积、作业过程都会产生扬尘。因此，施工现场应采取全封闭围挡施工，并定期洒水降尘。合理控制扬尘的关键绿色施工技术有高空喷雾防扬尘技术、洗车槽循环水再利用技术、喷雾式花洒防尘技术等。

高空喷雾防扬尘技术的关键是合理布置喷淋管道，可以利用硬防护或楼层外沿作喷洒平台，从水泵房布置一根镀锌钢管至主楼，由楼层的水管井上引至硬防护所在楼层或设定的喷洒楼层。然后，将主管从最近点引至硬防护并沿着硬防护绕一圈。最后利用回收后的雨水和基坑降水，对施工现场进行智能化喷淋降尘，减少大量的人工成本。

洗车槽循环水再利用技术也是利用回收后的雨水和基坑降水为驶出施工现场的运输车辆在入口的洗车槽处进行泥尘清理，以防止运输车辆的车轮及车身附着的泥尘污染沿线环境。另外，建筑材料、垃圾和渣土的运送车辆应有遮盖和防护措施，避免运输中颠簸、风吹等情况造成飞扬、流溢或抛撒，同时严禁运输物超载增加泼洒的风险。

（四）超高层建筑施工中的太阳能光伏发电技术

1. 太阳能光伏发电系统

太阳能光伏发电系统主要由太阳能电池板、充电控制器、逆变器和蓄电池四部分组成。太阳能光电板捕获太阳能并生成直流电，再由逆变器将直流电转换成交流电，这样便可直接和城市电网相连接，用以运行多种常用电器和设备。

太阳能光伏发电系统的核心技术为太阳能电池板的选择。太阳能电池板利用了半导体的光伏效应将太阳能直接转化为电能，目前常用的有晶体硅电池、非晶体硅电池以及薄膜电池三类。晶体硅电池单位面积产能高，初期成本投入也较高，当太阳辐射较强时，背板的温度会比较高，因此应注意散热；非晶体硅电池在辐射弱和电池温度较高时，比晶体硅发电能力强，初期投入少，适合以幕墙的构件形式布置在立面上，但也要防止建筑过热；薄膜电池轻薄、易于安装，而且在阴雨天仍然可以收集太阳能，但目前技术还没有趋于稳定，可能会成为未来实现集成光伏建筑一体化的关键技术。

2. 临时施工用房的利用

一般的临时施工用房多为低矮房屋，在屋顶布置太阳能光电板对太阳能的利用率较高。

需要通过合理布置光电板来保证太阳能的充分利用，注意事项有以下几点。

（1）应将光电板放置于利用效率最高的倾角。当地纬度，产生全年最大能量；纬度-15°，产生夏季峰值（东南）；纬度+15°，产生冬季峰值（北）。

（2）确认对光电板的遮挡在最低范围，尽可能地保证长时间的太阳辐射。

（3）避免水平放置光电阵板，表面积灰或积雪会影响光电板的利用效率。

（4）临时施工用房多为平屋顶，因此可采用屋架式支撑结构光电板，但应随时备有光电板在大风、雷电、暴雨、冰雹等恶劣天气时的应急保护措施。

3. 主体结构施工时的利用

超高层建筑的主体结构施工周期长，主体结构高度突出，在太阳能辐射资源较为充沛的条件下，若能合理利用光伏发电系统可为施工提供大部分电力供给。考虑到施工过程中光伏系统的安装拆卸，本文设想了以下几种可能。

（1）永久一体化太阳能电池板

根据建筑外围结构设计、外立面设计的需求，确定电池板的基本规格，进行标准模块采集器的定制和批量生产，或经过加工车间预制装配成组合模块集热器。幕墙即为太阳能电池板，主体结构先行向上施工，下部幕墙紧接着施工，安装后的太阳能电池板将为后续施工工序的设备照明供电。主体结构施工完成后，装饰装修用电可继续由整体外立面太阳能幕墙供电；建筑投产后，太阳能外墙将继续为建筑运营供电。

（2）临时太阳能电池板

利用主体结构施工作业面来布置光电板，可从外界面所在的施工作业面和与外界面垂直施工作业面两方面考虑。幕墙式光伏系统既在外界面所在平面，还可以考虑在整体钢平台上（与外界面垂直方向上的施工作业面）布置支架式或屋面式光伏系统，也可以在钢平台围护周围（外界面所在施工作业面上）布置支架式或架空式光伏系统。当施工平台上升至某一高度将影响所放置太阳能光电板性能及安全性后，可将其拆除。若施工高度满足要求，可在主体结构施工完成后，连同整体钢平台一同拆除。

（3）注意事项

支架式光电板需要集中布置，防止电缆连接过长，增大能耗损失；架空式或屋面式光电板可以通过气流降低光伏电池背面的温度，减少发电效率损失，但随着主体结构高度增长，还应考虑风荷载的影响，谨慎采用；施工作业时，应尽量避免灰尘，光电板表面积灰过多会影响其工作效率；光电板的安装与屋面支架或墙面支架（架空）的光伏系统布置类似，但在施工验算时，由于增加了施工临时荷载，应考虑光伏系统的荷载对钢平台进行结构验算；由于超高层建筑的主体结构高度大，光伏系统的外置设备应做好防雷措施，包括安装避雷针，将屋顶电池组件的钢结构与屋顶建筑的防雷网相连，发电组件与逆变器间加入防雷接线箱等；对太阳能电池组件、长期暴露在外的接线接点进行定期检查维护。

第三节 BIM 与绿色施工技术

一、BIM 在工程施工中的应用

（一）概述

绿色施工这个概念的提出已经有十几年了，应该说近几年绿色施工有了突飞猛进的发展，第一个主要标志是越来越多的建设企业、施工企业对绿色施工的认识达成共识，推进的积极性提高了。第二个标志是通过相关人员的努力，已经形成了相对系统、针对绿色施工的标准体系。第三个标志是从与项目的接触来看，项目部在实施绿色施工方面已经取得了很大突破。绿色施工不是一个简单的技术推进，而要把它作为一个体系，由项目经理或者企业最高层亲自把关，将绿色施工作为一个系统工程来抓，只有上升到如此高度，绿色施工才能取得实质性进展。

BIM 技术的出现也打破了业主、设计、施工、运营之间的隔阂和界限，实现了对建筑全生命周期管理。绿色建筑目标的实现离不开设计、规划、施工、运营等各个环节的绿色，而 BIM 技术则是助推各个环节向绿色指标靠得更近的先进技术手段。

随着 BIM（建筑信息模型）技术的快速发展和基于 BIM 技术的工具软件的不断完善，BIM 作为一种新兴的项目管理工具正逐渐被中国的工程界人士认识与应用，也必将带来建筑领域的一次绿色革命。

（二）工程施工 BIM 应用的整体实施方案

纵观当前工程施工中的 BIM 应用现状，清华大学研发的建筑施工 BIM 建模系统和基于 BIM 的 4D 管理系列软件不仅填补了当前国内 BIM 施工软件的空白，而且经过多个大型工程项目的实际应用，已经形成了包括 BIM 应用技术架构、系统流程和应对措施的整体实施方案。

1. 工程施工 BIM 应用的技术架构

（1）接口层

利用自主研发的 BIM 数据接口与交换引擎，提供了 IFC 格式文件导入导出、IFC 格式模型解析、非 IFC 格式建筑信息转化、BIM 数据库存储及访问、BIM 访问权限控制以及多用户并发访问管理等功能，可将来自不同数据源和不同格式的模型及信息传输到系统，实现了 IFC 格式模型和非 IFC 格式信息的交换、集成和应用。其中，数据源包括自主开发的建筑施工 BIM 建模系统 BIMMS、Revit 等软件创建的 BIM 模型、AutoCAD 等软件创建的 3D 模型、MS Project 等进度管理软件产生的进度信息等。

（2）数据层

施工阶段的工程数据可分为结构化的 BIM 数据、非结构化的文档数据以及用于表达工程数据创建的组织和过程信息。其中 BIM 数据采用基于 IFC 标准的数据库存储和管理；文档数据采用文档管理系统进行存储；组织和过程信息存储于相应的数据库中。通过建立 BIM 对象模型与关系型数据模式的映射关系和转换机制，BIM 数据库可利用 SQL Sever 等关系型数据库创建。

（3）平台层

包括自主开发的 BIM 数据集成与管理平台（简称 BIMDISP）和基于网络的 4D 可视化平台。BIMDISP 用于实现 BIM 数据的读取、保存、提取、集成、验证，非结构化数据管理以及组织和过程信息控制，可构建面向专业应用的子信息模型，支持基于 BIM 的相关施工软件应用。基于网络的 4D 可视化平台提供了基于 OpenGL 的视图变换、图形控制、动态漫游等模型管理功能，实现了 4D 施工管理的网络化，可支持工程项目的信息交换。

（4）模型层

通过 BIM 数据集成平台，可针对不同应用需求生成相应的子信息模型，如施工进度子信息模型、施工资源子信息模型、施工安全子信息模型等，向应用层的各施工管理专业软件提供模型和数据支持。

（5）应用层

由自主开发基于 BIM 的 4D 施工管理系列软件组成，包括基于 BIM 的工程项目 4D 动态管理系统、基于 BIM 的建筑工程 4D 施工安全与冲突分析系统、基于 BIM 的施工优化系统、基于 BIM 的项目综合管理系统等。提供了基于 BIM 和网络的 4D 施工进度、资源、质量、成本和场地管理，4D 安全与冲突分析，设计与施工碰撞检测以及施工过程优化和 4D 模拟等功能。

2. 工程施工 BIM 应用系统整体结构及主要功能

整个应用系统由基于 BIM 的 4D 施工管理系列软件系统和项目综合管理系统两大部分组成，分别设置为 C/S 架构和 B/S 架构。两者通过系统接口无缝集成，建立了管理数据与 BIM 模型双向链接，实现了基于 BIM 数据库的信息交换与共享。各应用系统具有如下主要功能和技术特点。

（1）建筑施工的 BIM 建模系统

①3D 几何建模与项目组织浏览

按照 IFC 进行建筑构件定义和空间结构的组织，提供各种规则和不规则的建筑构件以及模板支撑体系等施工设施的 3D 建模，并利用项目浏览器实现对构件模型的组织、分类、关联和 3D 浏览。

②施工信息创建、编辑与扩展

实现包括材料、进度、成本、质量、安全等施工属性的创建、查询、编辑以及与模型相互关联，同时提供属性扩展功能。

③BIM 模型导入导出模块

通过导入其他 IFC 格式的 BIM 设计模型或 3D 几何模型，快速创建 BIM 施工模型。可将包含工程属性的施工 BIM 模型导出为 IFC 文件，提供给基于 BIM 的施工管理系统和运营维护系统使用。

（2）基于 BIM 的工程项目 4D 动态管理系统

①4D 施工进度管理

利用系统的 WBS 编辑器和工序模板，可快捷完成施工段划分、WBS 和进度计划创建，建立 WBS 与 Microsoft Project 的双向链接；通过 Project 或 4D 模型，对施工进度进行查询、调整和控制，使计划进度和实际进度既可以用甘特图或网络图表示，也可以以动态的 3D 图形展现出来，实现对施工进度的 4D 动态管理；可提供任意 WBS 节点或 3D 施工段及构件工程信息的实时查询、多套施工方案的对比和分析、计划与实际进度的追踪和分析等功能，自动生成各类进度报表。

②4D 资源动态管理

通过可设置工程计价清单或多套定额的资源模板，自动计算任意 WBS 节点或 3D 施工段及构件的工程量以及相对施工进度的人力、材料、机械消耗量和预算成本；进行工程量完成情况、资源及成本计划和实际消耗等多方面的统计分析和实时查询；自动生成工程量表以及资源用量表，实现施工资源的 4D 动态管理。

③4D 施工质量安全管理

施工方、监理方可即时录入工程质检和安全数据，系统将质量、安全信息或检验报告与 4D 信息模型相关联，可以实时查询任意 WBS 节点或 3D 施工段及构件的施工安全质量情况，并可自动生成工程质量安全统计分析报表。

④4D 施工场地管理

可进行 3D 施工场地布置，自动定义施工设施的 4D 属性。点取任意设施实体，可查询其名称、类型、型号以及计划设置时间等施工属性，并可进行场地设施的信息统计等，将场地布置与施工进度对应，形成 4D 动态的现场管理。

⑤4D 施工过程模拟

对整个工程或选定 WBS 节点进行 4D 施工过程模拟，可以按天、周、月为时间间隔，按照时间的正序或逆序模拟，可以按计划进度或实际进度实现工程项目整个施工过程的 4D 可视化模拟，并具有三维漫游、材质纹理、透明度、动画等真实感模型显示功能。

（3）基于 BIM 的建筑工程 4D 施工安全与冲突分析系统

①时变结构和支撑体系的安全分析

通过模型数据转换机制，自动由 4D 施工信息模型生成结构分析模型，进行施工期时变结构与支撑体系任意时间点的力学分析计算和安全性能评估。

②施工过程进度、资源、成本的冲突分析

通过动态展现各施工段的实际进度与计划的对比关系，实现进度偏差和冲突分析及预警；指定任意日期，自动计算所需人力、材料、机械、成本，进行资源对比分析和预警；根据清单计价和实际进度计算实际费用，动态分析任意时间点的成本及其影响关系。

③场地碰撞检测

基于施工现场 4D 时空模型和碰撞检测算法，可对构件与管线、设施与结构进行动态碰撞检测和分析。

（4）基于 BIM 的建筑施工优化系统

建立进度管理软件 P3/P6 数据模型与离散事件优化模型的数据交换，基于施工优化信息模型，实现基于 BIM 和离散事件模拟的施工进度、资源和场地优化和过程模拟。

①基于 BIM 和离散事件模拟的施工优化

通过对各项工序的模拟计算，得出工序工期、人力、机械、场地等资源的占用情况，对施工工期、资源配置以及场地布置进行优化，实现多个施工方案的比选。

②基于过程优化的 4D 施工过程模拟

将 4D 施工管理与施工优化进行数据集成，实现基于过程优化的 4D 施工可视化模拟。

（5）基于 BIM 的项目综合管理系统

系统主要功能如下。

①业务管理

为各职能部门业务人员提供项目的合同管理、进度管理、质量管理、安全管理、采购管理、支付管理、变更管理以及竣工管理等功能，将业务管理数据与 BIM 的相关对象进行关联，实现各项业务之间的联动和控制，并可在 4D 管理系统进行可视化查询。

②实时控制

为项目管理人员提供实时数据查询、统计分析、事件追踪、实时预警等功能，可按多种条件进行实时数据查询、统计分析并自动生成统计报表。通过设定事件流程，对施工中发生的安全、质量情况等进行跟踪，到达设定阈值将实时预警，并自动通过邮件和手机短信通知相关管理人员。

③决策支持

提供工期分析、台账分析以及效能分析等功能，为决策人员的管理决策提供分析依据和支持。

3. 工程施工 BIM 系统应用流程与应对措施

（1）系统应用流程

①应用主体方

首先提供项目的技术资料、基本数据和系统运行所需要的软硬件及网络环境；协调各职能部门和相关参与方，根据工作需求安装软件系统、设置用户权限；各部门业务人员和管理、决策人员按照其工作任务、职责和权限，通过内网客户端或外网浏览器进入软件系统，完成日常管理和深化设计等工作。

②应用参与方

通过外网浏览器进入项目综合管理系统，按照应用主体方的要求，填报施工进度、资源、质量、安全等实际工程数据，也可进行施工信息查询，辅助施工管理。

③BIM 团队

目前 BIM 团队多由主体应用方外聘，主要承担 BIM 应用方案策划、系统配置、BIM 建模、数据导入、技术指导、应用培训等工作。在本应用实施中，清华大学 BIM 团队还辅助应用方利用 BIM 设计软件，进行了项目的结构管线综合和深化设计。

④设计方

配合应用主体方实施 BIM 应用，提交设计图纸及相关技术资料，如果具有 BIM 设计或建模能力，应提交项目的 BIM 或 3D 模型，以避免重复建模，降低 B1M 使用成本。

（2）组织应对措施

①理念知识

与以往建设领域信息技术的推广应用一样，BIM 应用单位的领导层、管理层和业务层必须对 BIM 技术及其应用价值具有足够的认识，对应用 BIM 的管理理念、方法和手段应进行相应转变。通过科研合作、技术培训、人才引进等多种方式，使技术与管理人员尽快掌握 BIM 技术和相关软件的应用知识。

②团队组织

BIM 引入和应用的初期，可借助外聘 BIM 团队共同实施。但着眼于企业发展，还是应该根据企业自身具体情况，采取设立专业部门或培训技术骨干等不同方式，建立自己的 BIM 团队；并通过技术培训和应用实践，逐步实现 BIM 技术和软件的普及与应用。

③流程优化

结合 BIM 应用重新梳理并优化现有工作流程，改进传统项目管理方法，建立适合 BIM 应用的施工管理模式，制定相应的工作制度和职责规范，使 BIM 应用能切实提高工作效率和管理水平。

④应用环境

根据实际需求制订 BIM 应用实施方案，购置相应计算机硬件和网络平台。通过外购商品软件、合作开发等方式，配置工程施工 BIM 应用软件系统，构建 BIM 应用环境。

⑤成果交付

规范施工各阶段 BIM 应用成果的形式、内容和交付方式，提供可供项目各参与方交流、共享的阶段性成果，形成工程项目竣工验收时集中交付的最终 BIM 应用成果，包括采用数据库或标准文件格式存储的全套 BIM 施工模型、工程数据及电子文档资料等，可支持项目运营维护阶段的信息化管理，实现基于 BIM 的信息共享。

（三）工程施工 BIM 应用情况

1. 工程项目应用特点

（1）应用项目具有代表性

应用项目均为近几年国内的大型、复杂工程，应用方包括业主、工程总承包商和施工项目部，表明本项目应用及成果具有代表性。

（2）突破了 BIM 在施工管理方面的应用

随着工程实际应用的不断积累、系统功能的逐渐完善，其不仅涵盖了当前国外同类软件的施工过程模拟、碰撞检测功能，而且基于 BIM 技术提供了包括施工进度、人力、材料、设备、成本、安全和场地布置的 4D 集成化动态管理功能。首次研发并应用了基于 BIM 和 Web 的项目综合管理系统，突破了当前 BIM 技术在施工项目管理方面的应用。

（3）扩展了 BIM 应用范围

当前国内外 B1M 的施工应用对象主要为建筑工程，本应用项目不仅包括建筑工程，还推广应用于桥梁、高速公路和设备安装工程。

（4）系统更具实用性

本系统的研发完全是基于中国国情，可满足中国施工管理的实际需求，与国外同类软件相比，其适用性和实用性具有明显的优势。

2. 应用效果及价值

(1) 基于 BIM 的集成化施工管理有效提高了项目各参与方之间的交流和沟通；通过对 4D 施工信息模型的信息扩展、实时信息查询，提高了施工信息管理的效率。

(2) 利用建筑结构、设备管线 BIM 模型，进行构件及管线综合的碰撞检测和深化设计，可提前发现设计中存在的问题，减少错、缺、漏、碰和设计变更，提高设计效率和质量。

(3) 通过直观、动态的施工过程模拟和重要环节的工艺模拟，可比较多种施工及工艺方案的可实施性，为方案优选提供决策支持。基于 B1M 的施工安全与冲突分析有助于及时发现并解决施工过程和现场的安全隐患与矛盾冲突，提高工程的安全性。

(4) 精确计划和控制每月、每周、每天的施工进度，动态分配各种施工资源和场地，可减少或避免工期延误，保障资源供给。相对施工进度对工程量及资源、成本的动态查询和统计分析，有助于全面把握工程的实施进展以及成本的控制。

(5) 施工阶段建立的 BIM 模型及工程信息可用于项目运营维护阶段的信息化管理，为实现项目设计、施工和运营管理的数据交换和共享提供支持。

二、BIM 技术在绿色施工中的应用

（一）节地与室外环境

节地不仅仅是施工用地的合理利用，建筑设计前期的场地分析、运营管理中的空间管理也同样包含在内。

1. 场地分析

场地分析是研究影响建筑物定位的主要因素，是确定建筑物的空间方位和外观、建立建筑物与周围景观联系的过程。BIM 结合地理信息系统（Geographic Information System，简称 GIS)，对现场及拟建的建筑物空间数据进行建模分析，结合场地使用条件和特点，做出最理想的现场规划、交通流线组织关系。利用计算机可分析出不同坡度的分布及场地坡向、建设地域发生自然灾害的可能性，可区分适宜建设与不适宜建设区域，对前期场地设计可起到至关重要的作用。

2. 土方开挖

利用场地合并模型，在三维中直观查看场地挖填方情况，对比原始地形图与规划地形图得出各区块原始平均高程、设计高程、平均开挖高程，然后计算出各区块挖、填方量。

3．施工用地

建筑施工是一个高度动态的过程，随着建筑工程规模不断扩大、复杂程度不断提高，施工项目管理也变得极为复杂。施工用地、材料加工区、堆场也随着工程进度的变换而调整，BIM的4D施工模拟技术可以在项目建造过程中合理制订施工计划、精确掌握施工进度，优化使用施工资源以及科学地进行场地布置。

4．空间

空间管理是业主为节省空间成本、有效地利用空间、为最终用户提供良好工作生活环境而对建筑空间所做的管理。BIM可以帮助管理团队记录空间的使用情况，处理最终用户要求空间变更的请求，分析现有空间的使用情况并合理分配建筑物空间，确保空间资源的最大利用率。

（二）节水与水资源利用

BIM技术在节水方面的应用体现在协助土方量的计算，模拟土地沉降、场地排水设计以及分析建筑的消防作业面，设置最经济合理的消防器材。设计规划每层排水地漏位置及雨水等非传统水源收集，从而实现循环利用。

（三）节材与材料资源利用

从绿色“材料”到BIM应用，当科技与现实更具创新性地、更实在地结合于一体之际，绿色建筑已经不是一个梦。

1．管线综合

管线综合设计及管网综合排查，目前功能复杂、大体量的建筑、摩天大楼等机电管网错综复杂，在大量的设计面前很容易出现管网交错、相撞及施工不合理等问题，以往人工检查图纸比较单一，不能同时检测平面和剖面的位置。BIM软件中的管网检测功能为工程师解决了这个问题。检测功能可生成管网三维模型，并基于建筑模型中显示。系统可自动检查出“碰撞”部位并标注，这样使得复杂的检查工作变得简单。空间净高是与管线综合相关的一部分检测工作，基于BIM信息模型对建筑内不同功能区域的设计高度进行分析，查找不符合设计规划的缺失，将情况反馈给施工人员，以此提高工作效率，避免错、漏、碰、缺的出现。

2．复杂工程预加工预拼装

BIM技术最拿手的是复杂形体设计及建造应用，可针对复杂形体进行数据整合和验证，使得多维曲面的设计得以实现。应用信息技术系统及设备，现代建筑师可以充分直观地展示新时代的设计理念和建筑美学，可以尽情地表达大胆的创意和神奇的构思，塑造并优化创作成果，使其创作成果达到传统创作方式无法企及的新境界。而工程师可利用计算机对复杂的建筑形体如曲面幕墙及复杂钢结构，进行拆分后利用三维信息模型进行解析，在电脑中进行预拼装，分成网格块编号，进行模块设计，然后送至工厂按模块加工，再送到现场拼装即可。同时数字模型也可提供大量建筑信息，包括曲面面积统计、经济形体设计及成本估算等。

3．物料跟踪

随着建筑行业标准化、工厂化、数字化水平的提升，以及建筑使用设备复杂性的提高，越来越多的建筑及设备构件根据 BIM 中得出的进度计划，提前计算出合理的物料进场数目，通过工厂加工并运送到施工现场进行高效的组装。BIM 结合施工计划和工程量造价，可以实现 5D（三维模型+成本）应用，做到“零库存”施工。

（四）节能与能源利用

以 BIM 技术推进绿色建筑节约能源、降低资源消耗和浪费、减少污染是建筑发展的方向和目的，是绿色建筑发展的必由之路。节能在绿色环保方面具体有两种体现，一是帮助建筑形成资源的循环使用，这包括水能循环、风能流动、自然光能的照射，科学地根据不同功能、朝向和位置选择最适合的构造形式；二是实现建筑自身的减排，构建时，以信息化手段减少工程建设周期，运营时，在满足使用需求的同时，还能保证最低的资源消耗。

1．方案论证

在方案论证阶段，项目投资方可以使用 BIM 来评估设计方案的布局、视野、照明、安全、人体工程学、声学、纹理、色彩及规范的遵守等情况。BIM 甚至可以做到建筑局部的细节推敲，迅速分析设计和施工中可能需要应对的问题。BIM 可以包含建筑几何形体以外的很多专业信息，其中也包括许多用于执行生态设计分析的信息，利用 Revit 创建的 BIM 模型通过三维桥梁可以很好地将建筑设计师和生态设计紧密联系在一起，设计将不单单是体量、材质、颜色等，而是动态的有机的。Autodesk Ecotect Analysis 是市场上比较全面的概念化建筑性能分析工具，软件提供了许多即时性分析功能，如光照、日光阴影、太阳辐射、遮阳、热舒适度、可视度分析等，而得到的分析结果往往是实时的、可视化的，很适合建筑师在设计前期把握建筑的各项性能。

2. 建筑系统分析

建筑系统分析是对照业主使用需求及设计规定来衡量建筑物性能的过程，包括机械系统如何操作和建筑物能耗分析、内外部气流模拟、照明分析、人流分析等涉及建筑物性能的评估。BIM 结合专业的建筑物系统分析软件避免了重复建立模型和采集系统参数。通过 BIM 可以验证建筑物是否按照特定的设计规定和可持续标准建造的，通过这些分析模拟，最终确定、修改系统参数甚至系统改造计划，以提高整个建筑的性能，建立智能化的绿色建筑。

（五）施工及运营管理

施工单位惯常的“重建轻管”使绿色目标难以实现，真正的效益是建筑节能技术和管理三七开的。

1. 建筑策划

BIM 能够帮助项目团队在建筑规划阶段，通过对空间进行分析来理解复杂的空间。特别是在客户讨论需求、选择以及分析最佳方案时，能借助 BIM 及相关分析数据，做出关键性的决定。在过去，一座建筑的诞生是由设计人员将脑中的三维建筑构想用二维的图纸表现出来，再经由施工人员读取二维的图纸来构建三维建筑的过程。而 BIM 是由三维立体模型表述，从初始就是可视化的、协调的，直观形象地表现出建筑建成后的样子，然后根据需要从模型中提取信息，将复杂的问题简单化。

2. 施工进度模拟

当前建筑工程项目管理中经常用于表示进度计划的甘特图，专业性强，可视化程度低，无法清晰地描述施工进度以及各种复杂关系，难以准确表达工程施工的动态变化过程。通过将 BIM 与施工进度计划相连接，将空间信息与时间信息整合在一个可视的 4D（3D+Time）模型中，可以直观、精确地反映整个建筑的施工过程，对整个工程的施工进度、资源和质量进行统一管理和控制，以缩短工期、降低成本、提高质量。此外借助 4D 模型，施工企业在工程项目投标中将获得竞标优势，BIM 可以协助评标专家从 4D 模型中很快地了解投标单位对投标项目主要施工的控制方法、施工安排是否均衡、总体计划是否基本合理等，从而对投标单位的施工经验和实力做出有效评估。BIM360 使 BIM 模型可以在网页上调用，配合施工现场的实时监控，使工程师在办公室就可以办公。

3. 运营维护

BIM 技术的应用不仅仅体现在建筑的设计、规划、施工等阶段，而且体现在绿色建筑运营阶段。在建筑物使用寿命期内，建筑物结构设施（如墙、楼板、屋顶等）和设备设施（如设备、管道等）都需要不断得到维护。一个成功的维护方案将提高建筑物性能，降低能耗和修理费用，进而降低总体维护成本。BIM 模型结合运营维护管理系统可以充分发挥空间定位和数据记录的优势，合理制订维护计划，分配专人专项维护工作，以降低建筑物在使用过程中出现突发状况的概率。对一些重要设备还可以跟踪维护工作的历史记录，以便对设备的适用状态提前做出判断。

4. 灾害应急模拟

利用 BIM 及相应灾害分析模拟软件，可以在灾害发生前模拟灾害发生的过程，分析灾害发生的原因，制定避免灾害发生的措施，以及发生灾害后人员疏散、救援支持的应急预案。当灾害发生后，BIM 模型可以提供给救援人员紧急状况点的完整信息，配合温感探头和监控系统发现温度异常区，获取建筑物及设备的状态信息，通过 BIM 和楼宇自动化系统的结合，使 BIM 模型能清晰地呈现出建筑物内部紧急状况的位置，甚至到紧急状况点最合适的路线，救援人员可以由此做出正确的现场处置，提高应急行动的成效。随着建筑设计的日新月异，规范已经无法满足超高型、超大型或异型建筑空间的消防设计。BIM 能数字模拟人员疏散时间、疏散距离、有毒气体扩散时间、建筑材料耐燃烧极限、消防作业面等，使其在实际应用前就研究好最安全的人员疏散方案，在发生意外时减少损失并赢得宝贵时间。

综合上述应用，总结来说可以在建筑建造前做到可持续设计分析，使从控制材料成本、节水、节电，控制建筑能耗减少碳排量等，到后期的雨水收集量计算、太阳能采集量、建筑材料老化更新等工作做到最合理化。在倡导绿色环保的今天，建筑建造需要转向使用更清洁更有效的技术，尽可能地减少能源和其他自然资源的消耗，建立极少产生废料和污染物的工艺和技术系统。通过上述内容可以看出 BIM 的模拟性并不是只能模拟设计出的建筑物模型，还可以模拟不能够在真实世界中进行操作的事物。BIM 能进行模拟试验，例如节能模拟、紧急疏散模拟、日照模拟、热能传导模拟等。在招投标和施工阶段可以进行 4D 模拟（三维模型加项目的发展时间），也就是根据施工的组织设计模拟实际施工，确定合理的施工方案来指导施工。同时还可以进行 5D 模拟（基于 3D 模型的造价控制），来实现成本控制。后期运营阶段可以模拟日常紧急情况的处理方式，例如地震人员逃生模拟及上面提到的消防人员疏散模拟等。

第五章 绿色施工管理与主要措施

第一节 绿色施工管理

一、绿色施工组织管理

建立绿色施工管理体系就是绿色施工管理的组织策划设计，以制定系统、完整的管理制度和绿色施工的整体目标。在这一管理体系中有明确的责任分配制度，并指定绿色施工管理人员和监督人员。

绿色施工要求建立公司和项目两级绿色施工管理体系。

（一）绿色施工管理体系

1．公司绿色施工管理体系

施工企业应该建立以总经理为第一责任人的绿色施工管理体系，一般由总工程师或副总经理作为绿色施工牵头人，负责协调人力资源管理部门、成本核算管理部门、工程科技管理部门、材料设备管理部门、市场经营管理部门等管理部室。

（1）人力资源管理部门

负责绿色施工相关人员的配置和岗位培训；负责监督项目部绿色施工相关培训计划的编制和落实以及效果的反馈；负责组织国内和本地区绿色施工新政策、新制度在全公司范围内的宣传等。

（2）成本核算管理部门

负责绿色施工直接经济效益分析。

（3）工程科技管理部门

负责全公司范围内所有绿色施工创建项目在人员、机械、周转材料、垃圾处理等方面的统筹协调；负责监督项目部绿色施工各项措施的制定和实施；负责项目部相关数据收集的及时性、齐全性与正确性并在全公司范围内及时进行横向对比后将结果反馈到项目部；负责组织实施公司一级的绿色施工专项检查；负责配合人力资源管理部门做好绿色施工相关政策制度的宣传并负责落实在项目部贯彻执行等。

（4）材料设备管理部门

负责建立公司《绿色建材数据库》和《绿色施工机械、机具数据库》并随时进行更新；负责监督项目部材料限额领料制度的制定和执行情况；负责监督项目部施工机械的维修、保养、年检等管理情况。

（5）市场经营管理部门

负责对绿色施工分包合同的评审，将绿色施工有关条款写入合同。

2. 项目绿色施工管理体系

绿色施工创建项目必须建立专门的绿色施工管理体系。项目绿色施工管理体系不要求采用一套全新的组织结构形式，而是建立在传统的项目组织结构的基础上，要求融入绿色施工目标，并能够制定相应责任和管理目标以保证绿色施工开展的管理体系。

项目绿色施工管理体系要求在项目部成立绿色施工管理机构，作为总体协调项目建设过程中有关绿色施工事宜的机构。这个机构的成员由项目部相关管理人员组成，还可包含建设项目其他参与方，如建设方、监理方、设计方的人员。同时要求实施绿色施工管理的项目必须设置绿色施工专职管理员，要求各个部门任命相关的绿色施工联络员，负责本部门所涉及的与绿色施工相关的职能。

（二）绿色施工责任分配

1. 公司绿色施工责任分配

（1）总经理为公司绿色施工第一责任人。

（2）总工程师或副总经理作为绿色施工牵头人负责绿色施工专项管理工作。

（3）以工程科技管理部门为主，其他各管理部室负责与其工作相关的绿色施工管理工作。

2. 项目绿色施工责任分配

（1）项目经理为项目绿色施工第一责任人。

（2）项目技术负责人、分管副经理、财务总监以及建设项目参与各方代表等组成绿色施工管理机构。

(3) 绿色施工管理机构开工前制订绿色施工规划，确定拟采用的绿色施工措施并进行管理任务分工。

(4) 管理任务分工，其职能主要分为四个，即决策、执行、参与和检查。一定要保证每项任务都有管理部门或个人负责决策、执行、参与和检查。

(5) 项目主要绿色施工管理任务分工表制定完成后，每个执行部门负责填写《绿色施工措施规划表》报绿色施工专职管理员，绿色施工专职管理员初审后报项目部绿色施工管理机构审定，作为项目正式指导文件下发到每一个相关部门和人员。

(6) 在绿色施工实施过程中，绿色施工专职管理员应负责各项措施实施情况的协调和监控。同时在实施过程中，针对技术难点、重点，可以聘请相关专家作为顾问，保证实施顺利。

二、绿色施工规划管理

(一) 绿色施工图纸会审

绿色施工开工前应组织绿色施工图纸会审，也可在设计图纸会审中增加绿色施工部分，从绿色施工“四节一环保”的角度，结合工程实际，在不影响质量、安全、进度等基本要求的前提下对设计进行优化，并保留相关记录。

现阶段绿色施工处于发展阶段，工程的绿色施工图纸会审应该有公司一级管理技术人员参加，在充分了解工程基本情况后，结合建设地点、环境、条件等因素提出合理性设计变更申请，经相关各方同意会签后，由项目部具体实施。

(二) 绿色施工总体规划

1. 公司规划

在确定某工程要实施绿色施工管理后，公司应对其进行总体规划，规划内容包括如下内容。

(1) 材料设备管理部门从《绿色建材数据库》中选择距工程500km范围绿色建材供应商数据供项目选择。从《绿色施工机械、机具数据库》中结合工程具体情况，提出机械设备选型咨议。

(2) 工程科技管理部门收集工程周边在建项目信息，对工程临时设施建设需要的周转材料、临时道路路基建设需要的碎石类建筑垃圾，以及在工程如有前期拆除工序而产生的建筑垃圾就近处理等提出合理化建议。

（3）根据工程特点，结合类似工程经验，对工程绿色施工目标设置提出合理化建议和要求。

（4）对绿色施工要求的执证人员、特种人员提出配置要求和建议；对工程绿色施工实施提出基本培训要求。

（5）在全司范围内（有条件的公司可以在一定区域范围内），从绿色施工“四节一环保”的基本原则出发，统一协调资源、人员、机械设备等，以求达到资源消耗最少、人员搭配最合理、设备协同作业程度最高、最节能的目的。

2. 项目规划

在进行绿色施工专项方案编制前，项目部应对以下因素进行调查并结合调查结果做出绿色施工总体规划。

（1）工程建设场地内原有建筑分布情况

①原有建筑须拆除，要考虑对拆除材料的再利用。

②原有建筑须保留，但施工时可以使用，结合工程情况合理利用。

③原有建筑须保留，施工时严禁使用并要求进行保护，要制定专门的保护措施。

（2）工程建设场地内原有树木情况

①须移栽到指定地点，安排有资质的队伍合理移栽。

②须就地保护，制定就地保护专门措施。

③须暂时移栽，竣工后移栽回现场，安排有资质的队伍合理移栽。

（3）工程建设场地周边地下管线及设施分布情况

制定相应的保护措施，并考虑施工时是否可以借用，以避免重复施工。

（4）竣工后规划道路的分布和设计情况

施工道路的设置尽量跟规划道路重合，并按规划道路路基设计进行施工，避免重复施工。

（5）竣工后地下管网的分布和设计情况

特别是排水管网。建议一次性施工到位，施工中提前使用，避免重复施工。

（6）本工程是否同为绿色建筑工程

如果是，应考虑某些绿色建筑设施，如雨水回收系统等提前建造，施工中提前使用，避免重复施工。

（7）距施工现场500km范围内主要材料分布情况

虽然有公司提供的材料供应建议，但项目部仍需要根据工程预算材料清单，对主要材料的生产厂家进行摸底调查，距离太远的材料考虑运输能耗和损耗，在不影响工程质量、安全、进度、美观等的前提下，可以提出设计变更建议。

（8）相邻建筑施工情况

施工现场周边是否有正在施工或即将施工的项目，从建筑垃圾处理、临时设施周转材料衔接、机械设备协同作业、临时或永久设施共用、土方临时堆场借用甚至临时绿化移栽等方面考虑是否可以合作。

（9）施工主要机械来源

根据公司提供的机械设备选型建议，结合工程现场周边环境，规划施工主要机械的来源，尽量减少运输能耗，以最高效使用为基本原则。

（10）其他

①设计中是否有某些构配件可以提前施工到位，在施工中运用，避免重复施工。

例如，高层建筑中消防主管提前施工并保护好，用作施工消防主管，避免重复施工；地下室消防水池在施工中用作回收水池，循环利用楼面回收水等。

②卸土场地或土方临时堆场，考虑运土时对运输路线环境的污染和运输能耗等，距离越近越好。

③回填土来源，考虑运土时对运输路线环境的污染和运输能耗等，在满足设计要求前提下，距离越近越好。

④建筑、生活垃圾处理，联系好回收和清理部门。

⑤构件、部品工厂化的条件，分析工程实际情况，判断是否可能采用工厂化加工的构件或部品；调查现场附近钢筋、钢材集中加工成型，结构部品化生产，装饰装修材料集中加工，部品生产的厂家条件。

（三）绿色施工专项方案

在进行充分调查后，项目部应对绿色施工制订总体规划，并根据规划内容编制绿色施工专项施工方案。

1．绿色施工专项方案主要内容

绿色施工专项方案是在工程施工组织设计的基础上，对绿色施工有关的部分进行具体和细化，其主要内容应包括如下几点。

（1）绿色施工组织机构及任务分工。

(2) 绿色施工的具体目标。

(3) 绿色施工针对“四节一环保”的具体措施。

(4) 绿色施工拟采用的“四新”技术措施。

(5) 绿色施工的评价管理措施。

(6) 工程主要机械、设备表。

(7) 绿色施工设施购置(建造)计划清单。

(8) 绿色施工具体人员组织安排。

(9) 绿色施工社会经济环境效益分析。

(10) 施工现场平面布置图等。

2. 绿色施工专项方案审批要求

绿色施工专项方案要求严格按项目、公司两级审批。一般由绿色施工专职施工员进行编制,项目技术负责人审核后,报公司总工程师审批,只有审批手续完整的方案才能用于指导施工。

绿色施工专项方案有必要时,考虑组织进行专家论证。

三、绿色施工目标管理

(一) 绿色施工目标值的确定

绿色施工的目标值应根据工程拟采用的各项措施,结合《绿色施工导则》《建筑工程绿色施工评价标准》GB/T50640-2014,《建筑工程绿色施工规范》GB/T50905-2014 等相关条款,在充分考虑施工现场周边环境和项目部以往施工经验的情况下确定。

目标值应该从粗到细分为不同层次,可以是总目标下规划若干分目标,也可以将一个一级目标拆分成若干二级目标,形式可以多样,数量可以多变,每个工程的目标值应该是一个科学的目标体系,而不仅是简单的几个数据。

绿色施工目标体系确定的原则是因地制宜、结合实际、容易操作、科学合理。

因地制宜,目标值必须是结合工程所在地区实际情况制定的。

结合实际,目标值的设置必须充分考虑工程所在地的施工水平、施工实施方的实力和施工经验等。

容易操作,目标值必须清晰、具体,一目了然,在实施过程中,方便收集对应的实际数据与其对比。

科学合理——目标值应该是在保证质量、安全的基本要求下，针对“四节一环保”提出的合理目标，在“四节一环保”的某个方面相对传统施工方法有更高要求的指标。

项目实施过程中的绿色施工目标控制采用动态控制的原理。

动态控制的具体方法是在施工过程中对项目目标进行跟踪和控制。收集各个绿色施工控制要点的实测数据，定期将实测数据与目标值进行比较。当发现实施过程中的实际情况与计划目标发生偏离时，及时分析偏离原因，确定纠正措施，采取纠正行动。对纠正后仍无法满足的目标值，进行论证分析，及时修改，设立新的更适宜的目标值。

在工程建设项目实施中如此循环，直至目标实现为止。项目目标控制的纠偏措施主要有组织措施、管理措施、经济措施和技术措施等。

（二）绿色施工目标管理内容

绿色施工的目标管理按“四节一环保”及效益六个部分进行，应该贯穿到施工策划、施工准备、材料采购、现场施工、工程验收等各个阶段的管理和监督之中。

现阶段项目绿色施工各项指标的具体目标值结合《绿色施工导则》《建筑工程绿色施工评价标准》GB/T50640-2014、《建筑工程绿色施工规范》GB/T50905-2014等相关条款。

绿色施工目前还处于发展阶段，项目在具体实施过程中应注意把握国家行业动态和“新技术、新工艺、新设备、新材料”在绿色施工中的推广应用程度以及本企业绿色施工管理水平的进步等，及时进行调整。

四、绿色施工实施管理

（一）建立完善的制度体系

“没有规矩，不成方圆”。绿色施工在开工前制订了详细的专项方案，确立了具体的各项目标，在实施工程中，主要是采取一系列的措施和手段，确保按方案施工，最终满足目标要求。

（二）配备全套的管理表格

绿色施工应建立整套完善的制度体系，通过制度，既约束不绿色的行为又指定应该采取的绿色措施，而且，制度也是绿色施工得以贯彻实施的保障体系。

绿色施工的目标值大部分是量化指标，因此在实施过程中应该收集相应的数据，定期将实测数据与目标值进行比较，及时采取纠正措施或调整不合理目标值。

另外，施工管理是一个过程性活动，随着工程的竣工，很多施工措施将消失不见，为了考核绿色施工效果，见证绿色施工效益，及时发现存在的问题，要求针对每一个绿色施工管理行为制定相应的管理表格，并在施工中监督填制。

（三）营造绿色施工氛围

目前，绿色施工理念还没有深入人心，很多人并没有完全接受绿色施工概念，绿色施工实施管理，首先应该纠正职工的思想，努力让每一个职工把节约资源和保护环境放到一个重要的位置上，让绿色施工成为一种自觉行为。要达到这个目的，就要结合工程项目特点，有针对性地对绿色施工做相应的宣传，通过宣传营造绿色施工的氛围非常重要。

绿色施工要求在现场施工标牌中增加环境保护的内容，在施工现场醒目位置设置环境保护标志。

（四）增强职工绿色施工意识

施工企业应重视企业内部的自身建设，使管理水平不断提高，不断趋于科学合理，并加强企业管理人员的培训，提高他们的素质和环境意识。具体应做到以下各项工作。

第一，加强管理人员的学习，然后由管理人员对操作层人员进行培训，增强员工的整体绿色意识，增加员工对绿色施工的承担与参与。

第二，在施工阶段，定期对操作人员进行宣传教育，如黑板报和绿色施工宣传小册子等，要求操作人员严格按已制定的绿色施工措施进行操作，鼓励操作人员节约水电，节约材料，注重机械设备的保养，注意施工现场的清洁，文明施工，不制造人为污染。

（五）借助信息化技术

绿色施工实施管理可以借助信息化技术作为协助实施手段，目前施工企业信息化建设越来越完善，已建立了进度控制、质量控制、材料消耗、成本管理等信息化模块，在企业信息化平台上开发绿色施工管理模块，对项目绿色施工实施情况进行监督、控制和评价等工作能起到积极的辅助作用。

第二节 绿色施工主要措施

一、环境保护

（一）扬尘控制

据调查，建筑施工是产生空气扬尘的主要原因。施工中出现的扬尘主要来源于渣土的挖掘和清运，回填土、裸露的料堆，拆迁施工中由上而下抛撒的垃圾、堆存的建筑垃圾，现场搅拌砂浆以及拆除爆破工程产生的扬尘等。扬尘的控制应该进行分类，根据其产生的原因采取适当的控制措施。

1．扬尘控制管理措施

（1）确定合理施工方案

施工前，充分了解场地的四周环境，对风向、风力、水源、周围居民点等充分调查分析后，制定相应的扬尘控制措施，纳入绿色施工专项施工方案。

（2）尽量选择工业化加工的材料、部品、构件

工业化生产，减少现场作业量，大大降低现场扬尘。

（3）合理调整施工工序

将容易产生扬尘的施工工序安排在风力小的天气进行，如拆除、爆破作业等。

（4）合理布置施工现场

将容易产生扬尘的材料堆场和加工区远离居民住宅区布置。

（5）制定相关管理制度

针对每一项扬尘控制措施制定相关管理制度，并宣传贯彻到位。

（6）配备相应奖惩、公示制度

奖惩、公示不是目的而是手段。只有将奖惩、公示制度配合宣传教育进行，才能将具体措施落实到位。

2．场地处理

（1）硬化措施

施工道路和材料加工区进行硬化处理，并定期洒水，确保表面无浮土。

（2）裸土覆盖

短期内闲置的施工用地采用密目丝网临时覆盖；较长时期内闲置的施工用地采用种植易存活的花草进行覆盖。

（3）设置围挡

①施工现场周边设置一定高度的围挡，且保证封闭严密，保持整洁完整。

②现场易飞扬的材料堆场周围设置不低于堆放物高度的封闭性围挡，或使用密目丝网覆盖。

③有条件的现场可设置挡风抑尘墙。

3. 降尘措施

（1）定期洒水

不管是施工现场还是作业面，保持定期洒水，确保无浮土。

（2）密目安全网

工程脚手架外侧采用合格的密目式安全立网进行全封闭，封闭高度要高出作业面，并定期对立网进行清洗和检查，发现破损立即更换。

（3）施工车辆控制

①运送土方、垃圾、易飞扬材料的车辆必须封闭严密，且不应装载过满。定期检查，确保运输过程不抛、不洒、不漏。

②施工现场设置洗车槽。驶出工地的车辆必须进行轮胎冲洗，避免污损场外道路。

③土方施工阶段，大门外设置吸湿垫，避免污损场外道路。

（4）垃圾运输

①浇筑混凝土前清理灰尘和垃圾时尽量使用吸尘器，避免使用吹风器等易产生扬尘的设备。

②高层或多层建筑清理垃圾应搭设封闭性临时专用道路或采用容器吊运，禁止直接抛撒。

（5）特殊作业

①岩石层开挖尽量采用凿裂法，并采用湿作业减少扬尘。

②机械剔凿作业时，作业面局部遮挡，并采取水淋等措施，减少扬尘。

③清拆建（构）筑物时，提前做好扬尘控制计划。对清拆建（构）筑物进行喷淋除尘并设置立体式遮挡尘土的防护设施，宜采用安静拆除技术降低噪声和粉尘。

④爆破拆除建（构）筑物时，提前做好扬尘控制计划，可采用清理积尘、淋湿地面、

预湿墙体、屋面覆水袋、楼面蓄水、建筑外设高压喷雾状水系统、搭设防尘排栅和直升机投水弹等综合降尘。

(6) 其他措施

易飞扬和细颗粒建筑材料封闭存放。余料应有及时回收制度。

(二) 噪声与振动控制

1. 噪声与振动控制管理措施

(1) 确定合理施工方案

施工前，充分了解现场及拟建建筑基本情况，针对拟采用的机械设备，制定相应的噪声、振动控制措施，纳入绿色施工专项施工方案。

(2) 合理安排施工工序

严格控制夜间作业时间，大噪声工序严禁夜间作业。

(3) 合理布置施工现场

将噪声大的设备远离居民区布置。

(4) 尽量选择工业化加工的材料、部品、构件

工业化生产，减少现场作业量，大大降低现场噪声。

(5) 建立噪声控制制度，降低人为噪声

①塔式起重机指挥使用对讲机，禁止使用大喇叭或直接高声叫喊。

②材料的运输轻拿轻放，严禁抛弃。

③机械、车辆定期保养，并在闲置期间及时关机减少噪声。

④施工车辆进出现场，禁止鸣笛。

2. 控制源头

(1) 选用低噪声、低振动环保设备

在施工中，选用低噪声搅拌机、钢筋夹断机、风机、电动空压机、电锯等设备，振动棒选用环保型，低噪声低振动。

(2) 优化施工工艺

用低噪声施工工艺代替高噪声施工工艺。如桩施工中将垂直振打施工工艺改变为螺旋、静压、喷注式打桩工艺。

(3) 安装消声器

在大噪声施工设备的声源附近安装消声器，通常将消声器设置在通风机、鼓风机、压

缩机、燃气轮机、内燃机等各类排气放空装置的进出风管适当位置。

3. 控制传播途径

(1) 在现场大噪声设备和材料加工场地四周设置吸声降噪屏。

(2) 在施工作业面强噪声设备周围设置临时隔声屏障，如打桩机、振动棒等。

4. 加强监管

在施工现场根据噪声源和噪声敏感区的分布情况，设置多个噪声监控点，定期对噪声进行动态检测，发现超过建筑施工场界环境噪声排放限制的，及时采取措施，降低噪声排放至满足要求。

(三) 光污染控制

光污染是通过过量的或不适当的光辐射对人类生活和生产环境造成不良影响。在施工过程中，夜间施工的照明灯及施工中电弧焊、闪光对接焊工作时发出的弧光等形成的光污染。

1. 灯具选择以日光型为主，尽量减少射灯及石英灯的使用。

2. 夜间室外照明灯加设灯罩，使透光方向集中在施工范围。

3. 钢筋加工棚远离居民区和生活办公区，必要时设置遮挡措施。

4. 电焊作业尽量安排在白天阳光下，如夜间施工，需要设置遮挡措施，避免电焊弧光外泄。

5. 优化施工方法，钢筋尽量采用机械连接。

(四) 水污染控制

水污染是指水体因某种物质的介入，而导致其化学、物理、生物或者放射性等方面特性的改变，从而影响水的有效利用，危害人体健康或者破坏生态环境，造成水质恶化的现象。

施工现场产生的污水主要包括雨水、污水（生活污水和生产污水）两类。

1. 保护地下水

(1) 基坑降水尽可能少地抽取地下水

①基坑降水优先采用基坑封闭降水措施。

②采用井点降水施工时，优先采用疏干井利用自渗效果将上层滞水引渗到下层潜水层，使大部分水资源重新回灌至地下。

③不得已必须抽取基坑水时，应根据施工进度进行水位检测，发现基坑抽水对周围环境可能造成不良影响，或者基坑抽水量大于50m^3时，应进行地下水回灌，回灌时注意采取措施防止地下水被污染。

(2) 现场所有污水有组织排放

现场道路、材料堆场、生产场地四周修建排水沟、集水井，做到现场所有污水不随意排放。

(3) 化学品等有毒材料、油料的储存地，有严格的隔水层设计，并做好渗漏液收集和处理工作。

(4) 施工机械设备使用和检修时，应控制油料污染；清洗机具的废水和废油不得直接排放。

(5) 易挥发、易污染的液态材料，应使用密闭容器单独存放。

2. 污水处理

(1) 现场优先采用移动式厕所，并委托环卫单位定期清理。固定厕所配置化粪池，化粪池应定期清理并有防满溢措施。

(2) 现场厨房设置隔油池，隔油池定期清理并有防满溢措施。

(3) 现场其他生产、生活污水经有组织排放后，配置沉淀池，经沉淀池沉淀处理后的污水，有条件的可以进行二次使用，不能二次使用的污水，经检测合格后才可排入市政污水管道。

(4) 施工现场雨水、污水分开收集、排放。

3. 水质检测

(1) 不能二次使用的污水，委托有资质的单位进行废水水质检测，满足国家相关排放要求后才能排入市政污水管道。

(2) 有条件的单位可以采用微生物污水处理、沉淀剂、酸碱中和等技术处理工程污水，实现达标排放。

（五）废气排放控制

施工现场的废气主要包括汽车尾气、机械设备废气、电焊烟气以及生活燃料排气等。

1. 严格机械设备和车辆的选型，禁止使用国家、地方限制或禁止使用的机械设备。优先使用国家、地方推荐使用的新设备。

2. 加强现场内机械设备和车辆的管理，建立管理台账，跟踪机械设备和车辆的年检和修理情况，确保合格使用。

3. 现场生活燃料选用清洁燃料。

4. 电焊烟气的排放符合国家相关标准的规定。

5. 严禁在现场融化沥青或焚烧油毡、油漆以及其他产生有毒、有害烟尘和恶臭气体的物质。

（六）建筑垃圾控制

1. 建筑垃圾减量

（1）开工前制定建筑垃圾减量目标。

（2）通过加强材料领用和回收的监管、提高施工管理，减少垃圾产生以及重视绿色施工图纸会审，避免返工、返料等措施减少建筑垃圾产量。

2. 建筑垃圾回收再利用

（1）回收准备

①制定工程建筑垃圾分类回收再利用目标，并公示。

②制定建筑垃圾分类要求。分几类、怎么分类、各类垃圾回收的具体要求是什么都要明确规定，并在现场合适位置修建满足分类要求的建筑垃圾回收池。

③制订建筑垃圾现场再利用方案。建筑垃圾应尽可能在现场直接再利用，减少运出场地的能耗和对环境的污染。

④联系回收企业。以就近的原则联系相关建筑垃圾回收企业，如再生骨料混凝土、建筑垃圾砖、再生骨料砂浆生产厂家、金属材料再生企业等，并根据相关企业对建筑垃圾的要求，提出现场建筑垃圾回收分类的具体要求。

（2）实施与监管

①制定尽可能详细的建筑垃圾管理制度，并落实到位。

②制定配套表格，确保所有建筑垃圾受到监控。

③对职工进行教育和强调，建筑垃圾尽可能地全数按要求进行回收；尽可能地在现场直接再利用。

④建筑垃圾回收及再利用情况及时分析，并将结果公示。发现与目标值偏差较大时，及时采取纠正措施。

（七）地下设施、文物和资源保护

地下设施主要包括人防地下空间、民用建筑地下空间、地下通道和其他交通设施、地下市政管网等设施，这类设施处于隐蔽状态，在施工中应采取必要措施避免其受到损害。

文物作为国家古代文明的象征，采取积极措施保护地下文物是每一个人的责任。

世界矿产资源短缺，施工中做好矿产资源的保护工作也是绿色施工的重要环节。

1. 前期工作

（1）施工前对施工现场地下土层、岩层进行勘察，探明施工部位是否存在地下设施、文物或矿产资源，并向有关单位和部门进行咨询和查询，最终认定施工场地存在地下设施、文物或矿产资源具体情况和位置。

（2）对已探明的地下设施、文物或矿物资源，制定适当的保护措施，编制相关保护方案。方案须经相关部门同意并得到监理工程师认可后才可实施。

（3）对施工场区及周边的古树名木优先采取避让方法进行保护，不得已须进行移栽的应经过相关部门同意并委托有资质的单位进行。

2. 施工中的保护

（1）开工前和实施过程中，项目部应认真向每一位操作工人进行管线、文物及资源方面技术交底，明确各自责任。

（2）应设置专人负责地下相关设施、文物及资源的保护工作，并需要经常检查保护措施的可靠性。当发现场地条件变化保护措施失效时应立即采取补救措施。

（3）督促检查操作人员，遵守操作规程，禁止违章作业、违章指挥和违章施工。

（4）开挖沟槽和基坑时，无论人工开挖还是机械开挖均须分层施工。每层挖掘深度宜控制在20～30cm。一旦遇到异常情况，必须仔细而缓慢挖掘，把情况弄清楚后或采取措施后方可按照正常方式继续开挖。

（5）施工过程中如遇到露出的管线，必须采取相应的有效措施，如进行吊托、拉攀、砌筑等固定措施，并与有关单位取得联系，配合施工，以保证施工安全可靠。施工过程中一旦发现文物，立即停止施工，保护现场并尽快通报文物部门并协助文物部门做好相应的工作。

（6）施工过程中发现现状与交底或图纸内容、勘探资料不相符时或出现直接危及地下设施、文物或资源安全的异常情况时，应及时通知相关单位到场研究，商议制定补救措施，在未做出统一结论前，施工人员不得擅自处理。

（7）施工过程中一旦发生地下设施、文物或资源损坏事故，必须在24h内报告主管部门和业主，不得隐瞒。

二、节材与材料资源利用

（一）建材选用

1. 使用绿色建材

选用对人体危害小的绿色、环保建材，满足相关标准要求。绿色建材是指采用清洁生产技术、少用天然资源和能源、大量使用工业或城市固态废物生产的无毒害、无污染、无放射性、有利于环境保护和人体健康的建筑材料。它是具有消磁、消声、调光、调温、隔热、防火、抗静电的性能，并具有调节人体机能的特种新型功能建筑材料。

2. 使用可再生建材

可再生建材是指在加工、制造、使用和再生过程中具有最低环境负荷的，不会明显地损害生物的多样性，不会引起水土流失和影响空气质量，并且能得到持续管理的建筑材料。主要是在当地形成良性循环的木材和竹材以及不需要较大程度开采、加工的石材和在土壤资源丰富的地区，使用不会造成水土流失的土材等。

3. 使用再生建材

再生建材是指材料本身是回收的工业或城市固态废物，经过加工再生产而形成的建筑材料如建筑垃圾砖、再生骨料混凝土、再生骨料砂浆等。

4. 使用新型环保建材

新型环保建材是指在材料的生产、使用、废弃和再生循环过程中以与生态环境相协调，满足最少资源和能源消耗，最小或无环境污染，最佳使用性能，最高循环再利用率要求设计生产的建筑材料。现阶段主要的新型环保建材主要有以下几种。

（1）以最低资源和能源消耗、最小环境污染代价生产传统建筑材料。

是对传统建筑材料从生产工艺上的改良，减少资源和能源消耗，降低环境污染，如用新型干法工艺技术生产高质量水泥材料。

（2）发展大幅度减少建筑能耗的建材制品。

采用具有保温、隔热等功效的新型建材，满足建筑节能率要求。如具有轻质、高强、防水、保温、隔热、隔声等优异功能的新型复合墙体。

（3）开发具有高性能长寿命的建筑材料。

研究能延长构件使用寿命的建筑材料，延长建筑服务寿命，是最大的节约，如高性能混凝土等。

（4）发展具有改善居室生态环境和保健功能的建筑材料。

我们居住的环境或多或少都会有噪声、粉尘、细菌、放射性等环境危害，发展此类新型建材，能有效改善我们的居住环境，如抗菌、除臭、调温、调湿、屏蔽有害射线的多功能玻璃、陶瓷、涂料等。

（5）发展能替代生产能耗高，对环境污染大，对人体有毒、有害的建筑材料。

水泥因为其生产过程中能耗高，环境污染大，一直是材料研究人员迫切想找到合适的替代品替代的建材，现阶段主要依靠在水泥制品生产过程中添加外加剂，减少水泥用量来实现。如利用粉煤灰、矿渣、外加剂等新材料降低混凝土和砂浆中的水泥用量等。

5. 图纸会审时，应审核节材与材料资源利用的相关内容

（1）根据公司提供的《绿色建材数据库》结合现场调查，审核主要材料生产厂家距施工现场的距离，尽量减少材料运距，降低运输能耗和材料运输损耗，绿色施工要求距施工现场500km以内生产的建筑材料用量占建筑材料总重量的70%以上。

（2）在保证质量、安全的前提下，尽量选用绿色、环保的复合新型建材。

（3）在满足设计要求的前提下，通过优化结构体系，采用高强钢筋、高性能混凝土等措施，减少钢筋、混凝土用量。

（4）结合工程和施工现场周边情况，合理采用工厂化加工的部品和构件，减少现场材料生产，降低材料损耗，提高施工质量，加快施工进度。

6. 编制材料进场计划

根据进度编制详细的材料进场计划，明确材料进场的时间、批次，减少库存，降低材料存放损耗并减少仓储用地，同时防止到料过多造成退料的转运损失。

7. 制定节材目标

绿色施工要求主要材料损耗率比定额损耗率降低30%。开工前应结合工程实际情况、项目自身施工水平等制定主要材料的目标损耗率，并予以公示。

8. 限额领料

根据制定的主要材料目标损耗率和经审定的设计施工图，计算出主要材料的领用限额，根据领用限额控制每次的领用数量，最终实现节材目标。

9. 动态布置材料堆场

根据不同施工阶段特点，动态布置现场材料堆场，以就近卸载，方便使用为原则，避免和减少二次搬运，降低材料搬运损耗和能耗。

10. 场内运输和保管

(1) 材料场内运输工具适宜，装卸方法得当，有效地避免损坏和遗撒造成的浪费。

(2) 现场材料堆放有序，储存环境适宜，措施得当。保管制度健全，责任落实。

11. 新技术节材

(1) 施工中采取技术和管理措施提高模板、脚手架等的周转次数。

(2) 优化安装工程中预留、预埋、管线路径等方案，避免后凿后补，重复施工。

(3) 现场建立废弃材料回收再利用系统，对建筑垃圾分类回收，尽可能地在现场再利用。

(二) 结构材料

1. 混凝土

(1) 推广使用预拌混凝土和商品砂浆

预拌混凝土和商品砂浆大幅度降低了施工现场的混凝土、砂浆生产，在减少材料损耗，降低环境污染，提高施工质量方面有绝对的优势。

(2) 优化混凝土配合比

利用粉煤灰、矿渣、外加剂等新材料降低混凝土和砂浆中的水泥用量。

(3) 减少普通混凝土的用量，推广轻骨料混凝土

与普通混凝土相比，轻骨料混凝土具有自重轻、保温隔热性、抗火性、隔声性好等特点。

(4) 注重高强度混凝土的推广与应用

高强度混凝土不仅可以提高构件承载力，还可以减小混凝土构件的截面尺寸，减轻构件自重，延长使用寿命，减少装修。

(5) 推广预制混凝土构件的使用

预制混凝土构件包括新型装配式楼盖、叠合楼盖、预制轻混凝土内外墙板和复合外墙板等，使用预制混凝土构件，可以减少现场生产作业量，节约材料，减低污染。

(6) 推广清水混凝土技术

清水混凝土属于一次性浇筑成型的材料，不需要其他外装饰，既能节约材料又能降低污染。

(7) 采用预应力混凝土结构技术

据统计，工程采用无黏结预应力混凝土结构技术，可节约钢材约25%，混凝土约三分

之一，同时减轻了结构自重。

2. 钢材

(1) 推广使用高强钢筋

使用高强钢筋，减少资源消耗。

(2) 推广和应用新型钢筋连接方法

采用机械连接、钢筋焊接网等新技术。

(3) 优化钢筋配料和钢构件下料方案

利用计算机技术在钢筋及钢构件制作前对其下料单及样品进行复核，无误后才可批量下料，减少下料不当造成的浪费。

(4) 采用钢筋专业化加工配送

钢筋专业化加工配送，减少钢筋余料的产生。

(5) 优化钢结构制作和安装方法

大型钢结构宜采用工厂制作，现场拼装；宜采用分段吊装、整体提升、滑移、顶升等安装方法，减少方案的措施用材量。

3. 围护材料

(1) 门窗、屋面、外墙等围护结构选用耐候性、耐久性较好的材料。

一般来讲，屋面材料、外墙材料要具有良好的防水性能和保温隔热性能，而门窗多采用密封性、保温隔热性能、隔声性能良好的型材和玻璃等材料。

(2) 屋面或墙体等部位的保温隔热系统采用配套专用的材料，确保系统的安全性和耐久性。

(3) 施工中采取措施确保密封性、防水性和保温隔热性。

特别是保温隔热系统与围护结构的节点处理，尽量降低热桥效应。

(三) 装饰装修材料

1. 装饰装修材料购买前，应充分了解建筑模数。尽量购买符合模数尺寸的装饰装修材料，减少现场裁切量。

2. 贴面类材料在施工前应进行总体排版，尽量减少非整块材料的数量。

3. 尽量采用非木质的新材料或人造板材代替木质板材。

4. 防水卷材、壁纸、油漆及各类涂料基层必须符合国家标准要求，避免起皮、脱落。各类油漆及黏结剂应随用随开启，不用时应及时封闭。

5. 幕墙及各类预留预埋应与结构施工同步。

6. 对于木制品及木装饰用料、玻璃等各类板材等宜在工厂采购或定制。

7. 尽可能地采用自黏结片材，减少现场液态黏结剂的使用量。

8. 推广土建装修一体化设计与施工，减少后凿后补。

（四）周转材料

周转材料，是指企业能够多次使用、逐渐转移其价值但仍保持原有形态，不确认为固定资产的材料，在建筑工程施工中可多次利用的材料，如钢架杆、扣件、模板、支架等。

施工中的周转材料一般分为如下四类。

第一，模板类材料。浇筑混凝土用的木模、钢模等，包括配合模板使用的支撑材料、滑模材料和扣件等。按固定资产管理的固定钢模和现场使用固定大模板则不包括在内。

第二，挡板类材料。土方工程用的挡板等，包括用于挡板的支撑材料。

第三，架料类材料。搭脚手架用的竹竿、木杆、竹木跳板、钢管及其扣件等。

第四，其他。除以上各类之外，作为流动资产管理的其他周转材料，如塔式起重机使用的轻轨、枕木（不包括附属于塔式起重机的钢轨）以及施工过程中使用的安全网等。

1. 管理措施

（1）周转材料企业集中规模管理

周转材料归企业集中管理，在企业内灵活调度，减少材料闲置率，提高材料使用功效。

（2）加强材料管理

周转材料采购时，尽量选用耐用、维护与拆卸方便的周转材料和机具。同时，加强周转材料的维修和保养，金属材料使用后及时除锈、上油并妥善存放；木质材料使用后按大小、长短码放整齐，并确保存放条件，同时在全公司范围内积极调度，避免周转材料存放过久。

（3）严格使用要求

项目部应该制定详细的周转材料使用要求，包括建立完善的领用制度、严格周转材料使用制度（现场禁止私自裁切钢管、木方、模板等）、周转材料报废制度等。

（4）优先选用制作、安装、拆除一体化的专业队伍进行模板施工。

2. 技术措施

（1）优化施工方案，合理安排工期，在满足使用要求的前提下，尽可能地减少周转材料租赁时间，做到“进场即用，用完即还”。

(2) 推广使用定型钢模、钢框胶合板、铝合金模板、塑料模板等新型模板。

(3) 推广使用管件合一的脚手架体系。

(4) 在多层、高层建筑建设过程中，推广使用可重复利用的模板体系和工具式模板支撑。

(5) 高层建筑的外脚手架，采用整体提升、分段悬挑等方案。

(6) 采用外墙保温板替代混凝土模板、叠合楼盖等新的施工技术，减少模板用量。

3. 临时设施

(1) 临时设施采用可拆迁、可回收材料。

(2) 临时设施应充分利用既有建筑物、市政设施和周边道路。

(3) 最大限度地利用已有围墙做现场围挡，或采用装配式可重复使用围挡封闭的方法。

(4) 现场办公和生活用房采用周转式活动房。

(5) 现场钢筋棚、茶水室、安全防护设施等应定型化、工具化、标准化。

(6) 力争工地临时用房、临时围挡材料的可重复使用率达到70%。

三、节水与水资源利用

(一) 提高用水效率

1. 施工过程中采用先进的节水施工工艺

如现场水平结构混凝土采取覆盖薄膜的养护措施，竖向结构采取刷养护液养护，杜绝浇水养护；对已安装完毕的管道进行打压调试，采取从高到低、分段打压，利用管道内已有水循环调试等。

2. 施工现场供、排水系统合理适用

(1) 施工现场给水管网的布置本着“管路就近、供水畅通、安全可靠”的原则。在管路上设置多个供水点，并尽量使这些供水点构成环路，同时应考虑不同施工阶段管网具有移动的可能性。

(2) 应制定相关措施和监督机制，确保管网和用水器具不渗漏。

3. 制定用水定额

(1) 根据工程特点，开工前制定用水定额，定额应按生产用水、生活办公用水分开制定，并分别建立计量管理机制。

（2）大型工程应该分不同单项工程、不同标段、不同施工阶段、不同分包生活区制定用水定额，并采取不同的计量管理机制。

（3）签订标段分包或劳务合同时，应将用水定额指标纳入相关合同条款，并在施工过程中计量考核。

（4）专项重点用水考核

对混凝土养护、砂浆搅拌等用水集中区域和工艺点单独安装水表，进行计量考核，并有相关制度配合执行。

4. 使用节水器具

施工现场办公室、生活区的生活用水100%采用节水器具，并派专人定期维护。

5. 施工现场建立雨水、废水收集利用系统

施工场地较大的项目，可建立雨水收集系统，回收的雨水用于绿化灌溉、机具车辆清洗等；也可修建透水混凝土地面，直接将雨水渗透到地下滞水层，补充地下水资源。

（1）现场机具、设备、车辆冲洗用水应建立循环用水装置。

（2）现场混凝土养护、冲洗搅拌机等施工过程水应建立回收系统，回收水可用于现场洒水降尘等。

（二）非传统水源利用

非传统水源不同于传统地表水供水和地下水供水的水源，包括再生水、雨水、海水等。

1. 基坑降水利用

基坑优先采取封闭降水措施，尽可能少地抽取地下水。不得已需要基坑降水时，应该建立基坑降水储存装置，将基坑水储存并加以利用。基坑水可用于绿化浇灌、道路清洁洒水、机具设备清洗等，也可用于混凝土养护用水和部分生活用水。

2. 雨水收集利用

施工面积较大，地区年降雨量充沛的施工现场，可以考虑雨水回收利用。收集的雨水可用于洗衣、洗车、冲洗厕所、绿化浇灌、道路冲洗等，也可采取透水地面等直接将雨水渗透至地下，补充地下水。

雨水收集可以与废水回收应结合进行，共用一套回收系统。

雨水收集时应注意蒸发量，收集系统尽量建于室内或地下，建于室外时，应加以覆盖减少蒸发。

3. 施工过程水回收

（1）现场机具、设备、车辆冲洗用水应建立循环用水装置。

（2）现场混凝土养护、冲洗搅拌机等施工过程水应建立回收系统，回收水可用于现场洒水降尘等。

（三）安全用水

1. 基坑降水再利用、雨水收集、施工过程水回收等非传统水源再利用时，应注意用水工艺对水质的要求，必要时进行有效的水质检测，确保满足使用要求。一般回收水不用于生活饮用水。

2. 利用雨水补充地下水资源时，应注意渗透地面地表的卫生状况，避免雨水渗透污染地下水资源。

3. 不能二次利用的现场污水，应经过必要处理，经检验满足排放标准后才可排入市政管网。

第六章　绿色建筑施工成本管理和工程造价管理

第一节　绿色建筑施工成本管理

一、建筑施工项目成本概述

（一）成本的分类及意义

1. 成本的分类

（1）按成本控制的标准划分

按成本控制的标准不同，成本可分为目标成本、计划成本、标准成本和定额成本。目标成本是指企业在生产经营活动中某一时期内要求实现的成本目标。确定目标成本是为了控制生产经营过程中的劳动消耗和物资消耗，降低产品成本，实现企业的目标利润。为保证企业目标利润的实现，目标成本应在目标利润的基础上进行预测和预算。

计划成本是指根据计划期内的各项平均先进消耗定额和有关资料确定的成本。它反映计划期应达到的成本水平，是计划期在成本方面的努力目标。

标准成本是指企业在正常的生产经营条件下，以标准消耗量和标准价格计算的产品单位成本。标准成本制定后，在生产作业过程中一般不做调整和改变，实际生产费用与标准成本的偏差可通过差异计算来反映。

定额成本是指根据一定时期的执行定额计算成本。将实际成本和定额成本对比，可以发现差异并分析产生差异的原因，以便采取措施，改善经营管理。

（2）按计入产品成本的方法划分

按计入产品成本的方法不同，成本可分为直接成本和间接成本。直接成本亦称直接费用，是指生产产品时，能够直接计入产品成本的费用；间接成本是指不能直接计入而要按一定标准分摊计入产品成本的费用。

(3) 按成本与产量的关系划分

按成本与产量的关系不同，成本可分为变动成本和固定成本。变动成本也称变动费用，它的总额随产量的增减而变动。就单位产品成本而言，其中的变动成本部分是固定不变的，降低单位产品成本中的变动成本，必须从降低消耗标准着手。

固定成本也称固定费用，它的总额在一定期间和一定业务量范围内不随产量的增减而变动。就单位产品成本而言，其中的固定成本部分与产量的增减成反比，即产量增加时，单位产品的固定成本减少，产量减少时，单位产品的固定成本增加。固定成本并不是固定不变的。

2. 成本的意义

(1) 成本是补偿生产消耗的尺度

成本作为一个经济范畴，是确认资源消耗和补偿水平的依据。为了保证再生产的不断进行，这些资源消耗必须得到补偿，也就是说，生产中所消耗的劳动价值必须计入产品的成本。因此可以说，成本客观地表示了生产消耗。

(2) 成本是制定价格的重要依据

商品生产过程既是活劳动和物质的消耗过程，又是使用价值和价值的形成过程。就整个社会而言，在产品价值目前还难以直接精确计算的情况下，成本为制定产品价格提供了近似的依据，使产品价格基本上接近于产品价值。

企业在生产经营过程中，对一些重大问题的决策，都要进行技术经济分析，其中决策方案的经济效果是技术经济分析的重点，而产品成本是考察和分析决策方案经济效果的重要指标。

企业可以利用产品成本这一综合性指标，有计划地、正确地进行计算并反映和监督产品的生产费用，使生产消耗降到最低，以取得最好的经济效益。同时，可以将成本指标分层次地分解为各种消耗指标，以便编制成本计划，控制日常消耗，定期分析、考核，促使企业不断降低成本消耗，增加盈利。

(二) 建筑施工项目成本的组成及分类

建筑施工项目成本是指建筑企业以项目作为成本核算对象的施工过程中，所耗费的生产资料转移价值和劳动者必要劳动所创造价值的货币形式。它是施工项目在施工中所发生的全部生产费用的总和，包括所消耗的主、辅材料，构配件，周转材料的摊销费或租赁费，施工机械的台班费或租赁费，支付给生产工人的工资、奖金以及项目经理部（或分公司、工程处）为组织和管理工程施工所发生的全部费用支出。施工项目成本不包括劳动者为社会创造的价值，劳动者剩余劳动创造的价值是以积累形式计入工程造价（工程价格）中的，其作为社会的纯收入，并未支付给劳动者。建筑施工项目成本由直接成本和间接成本构成。

为了明确认识和掌握施工项目成本的特性，搞好成本管理，根据工程管理的需要，可将施工项目成本划分为不同的形式。按建筑工程成本费用目标划分，施工项目成本可分为生产成本、质量成本、工期成本和不可预见成本。

1. 生产成本

成本是指完成某工程项目所必须消耗的费用。工程项目部进行施工生产，必然要消耗各种材料和物资，使用的施工机械和生产设备也要发生磨损，同时还要对从事施工生产的职工支付工资，以及支付必要的管理费用等，这些耗费和支出就是项目的生产成本。

2. 质量成本

质量成本是指工程项目部为保证和提高建筑产品质量而发生的一切必要费用，以及因未达到质量标准而蒙受的经济损失。一般情况下，质量成本分为以下四类。

（1）工程项目内部故障成本（如返工、停工、降级、复检等引起的费用）。

（2）外部故障成本（如保修、索赔等引起的费用）。

（3）质量检验费用。

3. 工期成本

工期成本是指工程项目部为实现工期目标或合同工期而采取相应措施所发生的一切必要费用以及工期索赔等费用的总和。

4. 不可预见成本

不可预见成本是指工程项目部在施工生产过程中所发生的除生产成本、质量成本、工期成本之外的成本，如扰民费、资金占用费、安全事故损失费、政府部门罚款等不可预见的费用。此项成本可能发生，也可能不发生。

二、建筑施工项目成本管理的原则

（一）领导者推动原则

企业的领导者是企业成本的责任人，必然也是工程施工项目成本的责任人。领导者应该制定施工项目成本管理的方针和目标，组织施工项目成本管理体系的建立和保持，创造企业全体员工能充分参与施工项目成本管理、实现企业成本目标的良好内部环境。

（二）以人为本、全员参与原则

建筑施工项目成本管理的每一项工作都需要相应的人员来完善，抓住本质，全面提高人的积极性和创造性是搞好施工项目成本管理的前提。施工项目成本管理工作是一项系统工程，项目的进度管理、质量管理、安全管理、施工技术管理、物资管理、劳务管理、计划统计、财务管理等一系列管理工作都关系到项目成本，因此施工项目成本管理是项目管理的中心工作，必须让企业全体人员共同参与。只有如此，才能保证施工项目成本管理工作顺利进行。

（三）目标分解、责任明确原则

建筑施工项目成本管理的工作业绩最终要转化为定量指标，而这些指标的完成是通过各级、各个岗位的具体工作实现的，为明确各级、各岗位的成本目标和责任，必须进行指标分解。企业确定工程项目责任成本指标和成本降低率指标，是对施工项目成本进行了一次目标分解。项目经理部还要对工程项目责任成本指标和成本降低率指标进行二次目标分解。

根据岗位不同、管理内容不同，确定每个岗位的成本目标和所承担的责任。把总目标进行层层分解，落实到每一个人，通过每个指标的完成来保证总目标的实现。

事实上，每个项目管理工作都是由具体的个人来执行的。若执行任务而不明确承担责任，等于无人负责，久而久之，就会形成人人都在工作而谁都不负责任的局面，企业发展就不能顺利进行。

（四）管理层次与管理内容的一致性原则

施工项目成本管理是企业各项专业管理的一部分，从管理层次上讲，企业是决策中心、利润中心；项目是企业的生产场地，是企业的生产车间，由于大部分的成本耗费在此，因而它也是成本中心。

项目完成了材料和半成品在空间与时间上的流水，绝大部分要素或资源要在项目上完成价值转换，并要求实现增值，其管理上的深度和广度远远大于一个生产车间所能完成的工作内容，因此项目上的生产责任和成本责任是管理制度，并授予相应的权力。因而相应的管理层次与相对应的管理内容和管理权力必须相称、匹配，否则会发生责、权、利的不协调，从而导致管理目标和管理结果的扭曲。

（五）动态性、及时性、准确性原则

施工项目成本管理是为了实现施工项目成本目标而进行的一系列的管理活动，是对项目成本实际开支的动态管理过程。由于施工项目成本的构成是随着工程施工的进展而不断变化的，因而动态性是施工项目成本管理的属性之一。

施工项目成本管理需要及时、准确地提供成本核算信息，不断反馈，为上级部门或项目经理进行项目成本管理提供科学的决策依据。如果这些信息严重滞后，就起不到及时纠偏、亡羊补牢的作用。

施工项目成本管理所编制的各种成本计划、消耗量计划，统计的各项消耗、各项费用支出，必须是实事求是的、准确的。如果计划编制得不准确，各项成本管理就失去了基准；如果各项统计不实事求是、不准确，成本核算就不能反映真实情况，造成虚盈或虚亏，从而导致决策失误。

因此，确保成本管理的动态性、及时性、准确性是施工项目成本管理的灵魂；否则，施工项目成本管理就只能是纸上谈兵，流于形式。

（六）过程控制与系统控制原则

施工项目成本是由施工过程的各个环节的资源消耗形成的。因此，成本的控制必须采用过程控制的方法，分析每一个过程影响成本的因素，制定工作程序和控制程序，使之时时处于受控状态。

施工项目成本形成的每一个过程又是与其他过程互相关联的，一个过程成本的降低，可能会引起关联过程成本的提高。因此，施工项目成本的管理，必须遵循系统控制的原则进行系统分析，制定过程的工作目标必须从全局利益出发，不能因为小团体的利益而损害整体利益。

三、建筑施工项目成本管理的内容与程序

（一）建筑施工项目成本管理的内容

建筑施工项目成本管理的内容包括项目成本预测、项目成本计划、项目成本控制、项

目成本核算、项目成本分析和项目成本考核等。项目经理部在项目施工过程中对所发生的各种成本信息，通过系统、有组织地预测、计划、控制、核算和分析等，使工程项目系统内各种要素按照一定的目标运行，从而将工程项目的实际成本控制在预定的计划成本范围内。

1. 项目成本预测

项目成本预测是根据成本信息和工程项目的具体情况，运用专门的方法，对未来的成本水平及其发展趋势做出科学的估计，其实质就是在施工以前对成本进行核算。通过成本预测，可以使项目经理部在满足建设单位和企业要求的前提下，选择成本低、效益好的最佳成本方案，并能够在项目成本形成过程中，针对薄弱环节，加强成本控制，克服盲目性，提高预见性。

因此，项目成本预测是项目成本决策与计划的依据。

2. 项目成本计划

项目成本计划是项目经理部对项目施工成本进行计划管理的工具。它是以货币形式编制工程项目在计划期内的生产费用、成本水平、成本降低率以及为降低成本所采取的主要措施和规划的书面方案，是建立项目成本管理责任制、开展成本控制和核算的基础。一般来说，一个项目成本计划应包括从开工到竣工所必需的施工成本，因此它是降低项目成本的指导文件，是设定目标成本的依据。

3. 项目成本控制

项目成本控制是指在施工过程中，对影响项目成本的各种因素加强管理，并采取各种有效措施，将施工中实际发生的各种消耗和支出严格控制在成本计划范围内，随时揭示并及时反馈，严格审查各项费用是否符合标准，计算实际成本和计划成本之间的差异并进行分析，消除施工中的损失浪费现象，发现和总结先进经验。通过项目成本控制，可最终实现甚至超过预期的成本节约目标。项目成本控制应贯穿在工程项目从招标、投标阶段直到项目竣工验收的全过程，它是企业全面成本管理的重要环节。

4. 项目成本核算

项目成本核算是指对项目施工过程中所发生的各种费用所形成的项目成本的核算。进行成本核算前，首先，要按照规定的成本开支范围对施工费用进行归集，计算出施工费用的实际发生额；其次，根据成本核算对象，采用适当的方法，计算出该工程项目的总成本和单位成本。项目成本核算所提供的各种成本信息，是项目成本预测、项目成本计划、项目成本控制、项目成本分析和项目成本考核等各个环节的依据。因此，加强项目成本核算工作，对降低项目成本、提高企业的经济效益有积极的作用。

5. 项目成本分析

项目成本分析是在成本形成过程中，对项目成本进行的对比评价和剖析总结工作，它贯穿于项目成本管理的全过程，也就是说项目成本分析主要利用工程项目的成本核算资料（成本信息），与目标成本（计划成本）、预算成本以及类似工程项目的实际成本等进行比较，了解成本的变动情况，同时也要分析主要技术经济指标对成本的影响，系统地研究成本变动的因素，检查成本计划的合理性，并通过成本分析，深入揭示成本变动的规律，寻求降低项目成本的途径，以便有效地进行项目成本控制。

6. 项目成本考核

项目成本考核是指在项目完成后，对项目成本形成中的各责任者，按项目成本目标责任制的有关规定，将成本的实际指标与计划、定额、预算进行对比和考核，评定项目成本计划的完成情况和各责任者的业绩，并依此给予相应的奖励和处罚。通过项目成本考核，做到有奖有惩，赏罚分明，才能有效地调动企业每一个职工的积极性。

综上所述，施工项目成本管理中的每一个环节都是相互联系和相互作用的。项目成本预测是项目成本决策的前提；项目成本计划是项目成本决策所确定目标的具体化；项目成本控制对项目成本计划的实施进行监督，保证决策的成本目标实现；项目成本核算是项目成本计划是否实现的最后检验，它所提供的成本信息又对下一个项目成本预测和决策提供基础资料；项目成本考核是实现成本目标责任制的保证和实现决策目标的重要手段。

（二）建筑施工项目成本管理的程序

建筑施工项目成本管理应遵循下列程序。

1. 掌握生产要素的市场价格和变动状态。
2. 确定项目合同价。
3. 编制成本计划，确定成本实施目标。
4. 进行成本动态控制，实现成本实施目标。
5. 进行项目成本核算和工程价款结算，及时收回工程款。
6. 进行项目成本分析。
7. 进行项目成本考核，编制成本报告。
8. 积累项目成本资料。

第二节 绿色建筑工程造价管理

一、建筑工程造价概述

（一）工程造价的概念

总体来说，工程造价的第一种含义是指建设一项工程预期开支或实际开支的全部固定资产投资费用，也就是一项工程通过建设形成相应的固定资产、无形资产所需用的一次性费用总和。显然，这一含义是从投资者——业主的角度来定义的。投资者选定一个投资项目，为了获得预期的效益，就要通过项目评估进行决策，然后进行设计招标、工程招标，直至竣工验收等一系列投资管理活动。在投资活动中所支付的全部费用形成了固定资产和无形资产，所有这些开支就构成了工程造价。从这个意义上说，工程造价就是工程投资费用，建设项目工程造价就是建设项目固定资产投资。

工程造价的第二种含义是指工程价格。即为建成一项工程，预计或实际在土地市场、设备市场、技术劳务市场以及承包市场等交易活动中所形成的建筑安装工程的价格和建设工程总价格。显然，工程造价的第二种含义是以商品经济和市场经济为前提的。它是以工程这种特定的商品形式作为交易对象，通过招投标、承发包或其他交易方式，在进行多次预估的基础上，最终由市场形成的价格。

由于计划经济的影响，中国长期以来只认同工程造价的第一种含义，把工程建设简单地理解为一种计划行为，而不是一种商品的生产和交换行为，因此造成了长期以来中国建设市场的价格扭曲现象，即价格不能反映其价值，区分工程造价的两种含义的理论意义在于，为投资者和以承包商为代表的供应商在工程造价领域里的市场行为提供理论依据。当政府提出降低工程造价时，是站在投资者的角度充当市场需求者的角色；当承包商提出提高工程造价、提高利润率并获得更多的实际利润时，它是要实现一个市场供给主体的管理目标。这是市场运行机制的必然，不同的利益主体决不能混为一谈。同时，两种含义也是对单一计划经济理论的一个否定和反思。区别两种含义的现实意义在于，为实现不同的管理目标，不断充实工程造价的管理内容，完善管理方法，更好地为实现各自的目标服务，从而有利于推动全面的经济增长。

（二）工程造价的构成

工程造价是指进行一个工程项目的建造所需要花费的全部费用，即从工程项目确定建设意向直至建成、竣工验收为止的整个建设期间所支出的总费用，这是保证工程项目建造正常进行的必要资金，是建设项目投资中最主要的部分。工程造价主要由工程费用和工程其他费用组成。

1. 工程费用

工程费用包括建筑工程费用、安装工程费用和设备及工器具购置费用。

（1）建筑工程费用

①为施工而进行的场地平整、地质勘探，原有的建筑物和障碍物的拆除以及工程完工后的场地清理、环境美化等工作的费用。

②设备基础、支柱、工作台、烟囱、水塔、水池等建筑工程以及各种炉窖的砌筑工程和金属结构工程的费用。

③列入房屋建筑工程预算的各种管道、电力、电信和电缆导线敷设工程的费用。

④各类房屋建筑工程的供暖、卫生、通风、燃气等设备费用及其装设、油饰工程的费用。

⑤矿井开凿，井巷延伸，露天矿剥离，修建铁路、公路、桥梁、水库及防洪等工程的费用等。

（2）安装工程费用

安装工程费用主要包括生产、动力、起重、运输、传动和医疗、实验等各种需要安装的机械设备的装配费用；与设备相连的工作台、梯子、栏杆等设施的工程费用；附属于被安装设备的管线敷设工程费用；单台设备单机试运转、系统设备进行系统联动无负荷试运转工作的测试费等。

（3）设备及工器具购置费用

设备及工器具购置费用是指建设项目设计范围内需要安装及不需要安装的设备、仪器、仪表等及其必要的备品备件购置费；为保证投产初期正常生产必需的仪器仪表、工卡量具、模具、器具及生产家具等的购置费。在生产性建设项目中，设备及工器具购置费用可称为“积极投资”，其占项目投资费用比重的提高，标志着技术的进步和生产部门有机构成的提高。

2. 工程其他费用

工程其他费用是指未纳入以上工程费用的、由项目投资支付的、为保证工程建设顺利完成和交付使用后能够正常发挥效用而必须开支的费用。它包括建设单位管理费、土地使用费、研究试验费、勘察设计费、建设单位临时设施费、工程监理费、工程保险费、生产准备费、引进技术和进口设备其他费用、工程承包费、联合试运转费、办公和生活家具购置费等。

（三）工程造价的分类

1. 按用途分类

建筑工程造价按用途可分为标底价格、投标价格、中标价格、直接发包价格和合同价格。

（1）标底价格

标底价格又称招标控制价，是招标人的期望价格，不是交易价格。招标人以此作为衡量投标人投标价格的一个尺度，也是招标人的一种控制投资的手段。编制标底价格可由招标人自行操作，也可由招标人委托招标代理机构操作，由招标人做出决策。

（2）投标价格

投标人为了得到工程施工承包的资格，按照招标人在招标文件中的要求进行估价，然后根据投标策略确定投标价格，以争取中标并通过工程实施取得经济效益。如果中标，则这个价格就是合同谈判和签订合同确定工程价格的基础。

如果设有标底，投标报价时使用标底的方法如下。

①以靠近标底者得分最高，这时报价就无须追求最低标价。

②标底价格只作为招标人的期望，但仍要求低价中标，投标人必须以雄厚的技术和管理实力做后盾，编制出既有竞争力又能盈利的投标报价。

（3）中标价格

《招标投标法》第四十条规定："评标委员会应当按照招标文件确定的评标标准和方法，对投标文件进行评审和比较；设有标底的，应当参考标底。"所以评标的依据一是招标文件，二是标底（如果设有标底时）。

《招标投标法》第四十一条规定："中标人的投标应符合下列条件之一：①能最大限度地满足招标文件中规定的各项综合评价标准；②能够满足招标文件的实质性要求，并且经评审的投标价格最低，但是投标价格低于成本的除外。"其中第二个条件说的主要是投标报价。

(4) 直接发包价格

直接发包价格是由发包人与指定的承包人直接接触，通过谈判达成协议签订施工合同，而不需要像招标承包定价方式那样，通过竞争定价。直接发包方式计价只适用于不宜进行招标的工程，如军事工程、保密技术工程、专利技术工程及发包人认为不宜招标而又不违反《招标投标法》第三条（招标范围）规定的其他工程。

直接发包方式计价首先提出协商价格意见的可能是发包人或其委托的中介机构，也可能是承包人提出价格意见交发包人或其委托的中介组织进行审核。无论由哪一方提出协商价格意见，都要通过谈判协商，签订承包合同，确定为合同价，直接发包价格是以审定的施工图预算为基础，由发包人与承包人商定增减价的方式来定价。

(5) 合同价格

《建筑工程施工发包与承包计价管理办法》第十三条规定："发承包双方在确定合同价款时，应当考虑市场环境和生产要素价格变化对合同价款的影响。"

2. 按计价方法分类

建筑工程造价按计价方法可分为估算造价、概算造价和施工图预算造价等。

(四) 工程造价的作用

1. 工程造价是项目决策的依据

建设工程投资大、生产和使用周期长等特点决定了项目决策的重要性。工程造价决定着项目的一次性投资费用。投资者是否有足够的财务能力支付这笔费用，是否认为值得支付这项费用，是项目决策中要考虑的主要问题。财务能力是一个独立的投资主体必须首先解决的问题。如果建设工程的价格超过投资者的支付能力，则会迫使投资者放弃拟建的项目；如果项目投资的效果达不到预期目标，投资者也会自动放弃拟建的工程。因此，在项目决策阶段，建设工程造价就成为项目财务分析和经济评价的重要依据。

2. 工程造价是控制投资的依据

工程造价在控制投资方面的作用非常明显。工程造价是通过多次预估，最终通过竣工决算确定下来的。每一次预估的过程就是对造价的控制过程；而每一次估算对下一次估算又都是对造价严格的控制，具体地讲，每次估算都不能超过前一次估算的一定幅度。这种控制是在投资者财务能力限度内为取得既定的投资效益所必需的。建设工程造价对投资的控制也表现在利用制定各类定额、标准和参数，对建设工程造价的计算依据进行控制。在市场经济利益风险机制的作用下，造价对投资的控制作用成为投资的内部约束机制。

3. 工程造价是筹集建设资金的依据

投资体制的改革和市场经济的建立，要求项目的投资者必须有很强的筹资能力，以保证工程建设有充足的资金供应。工程造价基本决定了建设资金的需求量，从而为筹集资金提供了比较准确的依据。当建设资金来源于金融机构的贷款时，金融机构在对项目的偿贷能力进行评估的基础上，也需要依据工程造价来确定给予投资者的贷款数额。

4. 工程造价是评价投资效果的重要指标

工程造价是一个包含着多层次工程造价的体系，就一个工程项目来说，它既是建设项目的总造价，又包含单项工程的造价和单位工程的造价，同时也包含单位生产能力的造价，或 1 m^2 建筑面积的造价等。所有这些，使工程造价自身形成了一个指标体系。它能够为评价投资效果提供多种评价指标，并能够形成新的价格信息，为今后类似项目的投资提供参考。

5. 工程造价是合理利益分配和调节产业结构的手段

工程造价的高低，涉及国民经济各部门和企业间的利益分配的多少。在计划经济体制下，政府为了用有限的财政资金建成更多的工程项目，总是趋向于压低建设工程造价，使建设中的劳动消耗得不到完全补偿，价值不能得到完全实现。而未被实现的部分价值则被重新分配到各个投资部门，为项目投资者所占有。这种利益的再分配有利于各产业部门按照政府的投资导向加速发展，也有利于按宏观经济的要求调整产业结构；但也会严重损害建筑企业的利益，从而使建筑业的发展长期处于落后状态，与整个国民经济的发展不相适应。在市场经济中，工程造价无例外地受供求状况的影响，并在围绕价值的波动中实现对建设规模、产业结构和利益分配的调节。加上政府正确的宏观调控和价格政策导向，工程造价在这方面的作用会充分发挥出来。

二、建筑工程造价管理

（一）工程造价管理的概念

工程造价管理是指在建设项目的建设中，全过程、全方位、多层次地运用技术、经济及法律等手段，通过对建设项目工程造价的预测、优化、控制、分析、监督等，以获得物资的最优配置和建设工程项目的最大投资效益。

工程造价管理有两种含义，一是建设工程投资费用管理；二是工程价格管理。

1．建设工程投资费用管理

建设工程的投资费用管理，属于投资管理范畴。管理是为了实现一定的目标而进行的计划、组织、协调、控制等系统活动。建设工程投资费用管理，就是为了达到预期的效果对建设工程的投资行为进行计划、组织、协调与控制。这种含义的管理侧重于投资费用的管理方面而不是侧重于工程建设的技术方面。建设工程投资费用管理的含义是为了实现投资的预期目标，在拟订的规划、设计方案的条件下，预测、计算、确定和监控工程造价及其变动的系统活动。这一含义既涵盖了微观的项目投资费用的管理，也涵盖了宏观层次的投资费用的管理。

2．工程价格管理

在社会主义市场经济条件下，价格管理分两个层次。在微观层次上，是生产企业在掌握市场价格信息的基础上，为实现管理目标而进行的成本控制、计价、定价和竞价的系统活动。它反映了微观主体按支配价格运动的经济规律，对商品价格进行能动的计划、预测、监控和调整，并接受价格对生产的调节。

在宏观层次上，是政府根据社会经济发展的要求，利用法律手段、经济手段和行政手段对价格进行管理和调控，以及通过市场管理规范市场主体价格行为的系统活动。工程建设关系国计民生，同时，政府投资公共、公益性项目在今后仍然会有相当份额。因此，国家对工程造价的管理，不仅承担着一般商品价格的调控职能，而且在政府投资项目上承担着微观主体的管理职能。这种双重角色的双重管理职能，是工程造价管理的一大特色。区分两种管理职能，进而制定不同的管理目标，采用不同的管理方法是必然的发展趋势。

（二）工程造价管理的基本内容

工程造价管理的基本内容就是合理地确定和有效地控制工程造价，以及区分不同投资主体的工程造价控制。

1．工程造价的合理确定

所谓工程造价的合理确定，就是在建设程序的各个阶段，合理确定投资估算、概算造价、预算造价、承包合同价、结算价、竣工决算价。

（1）在项目建议书阶段，按照有关规定，应编制初步投资估算。经有权部门批准，作为拟建项目列入国家中长期计划和开展前期工作的控制造价。

（2）在可行性研究阶段，按照有关规定编制的投资估算，经有权部门批准，即为该项目控制造价。

（3）在初步设计阶段，按照有关规定编制的初步设计总概算，经有权部门批准，即作为拟建项目工程造价的最高限额。对初步设计阶段，实行建设项目招标承包制签订承包合同协议的，其合同价也应在最高限价（总概算）相应的范围内。

（4）施工图设计阶段。该阶段编制的施工图预算，用以核实施工图阶段造价是否超过批准的初步设计概算。经承发包双方共同确认、有关部门审查通过的施工图预算，即为结算工程价款的依据。

对以施工图预算为基础的招标投标工程，承包合同价是以经济合同形式确定的建安工程造价。承发包双方应严格履行合同，使造价控制在承包合同价以内。

（5）工程实施阶段。该阶段要按照承包方实际完成的工程量，以合同价为基础，同时考虑因物价上涨引起的造价提高，考虑到设计中难以预料的而在实施阶段实际发生的工程变更和费用，合理确定工程结算价。

（6）在竣工验收阶段，全面汇集在工程建设过程中实际花费的全部费用，编制竣工决算，如实体现该建设工程的实际造价。

2. 工程造价的有效控制

工程造价的有效控制是指在投资决策阶段、设计阶段、建设项目发包阶段和实施阶段把建设工程造价的实际发生控制在批准的造价限额内，随时纠正发生的偏差，以保证项目管理目标的实现，以求在各个建设项目中能合理使用人力、物力、财力，取得较好的投资效益和社会效益。具体来说，是用投资估算控制初步设计和初步设计概算；用设计概算控制技术设计和修正设计概算；用概算或者修正设计概算控制施工图设计和施工图预算。

有效控制工程造价应遵循以下三项原则。

（1）以设计阶段为重点的建设全过程造价控制原则

工程造价控制贯穿于项目建设全过程，但是必须重点突出，工程造价控制的关键在于施工前的投资决策和设计阶段，而在项目做出投资决策后，控制工程造价的关键就在于设计。建设工程全寿命费用包括工程造价和工程交付使用后的经常开支费用（含经营费用、日常维护修理费用、使用期内大修理和局部更新费用），以及该项目使用期满后的报废拆除费用等。据西方一些国家分析，设计费一般只相当于建设工程全寿命费用的 1% 以下，但正是这少于 1% 的费用对工程造价的影响度占 75% 以上。由此可见，设计质量对整个工程建设的效益是至关重要的。

长期以来，中国普遍忽视工程建设项目前期工作阶段的造价控制，而往往把控制工程造价的主要精力放在施工阶段——审核施工图预算、结算建安工程价款，算细账。这样做尽管也有效果，但毕竟是“亡羊补牢”，事倍功半。要有效地控制建设工程造价，就要坚决地把控制重点转到建设的前期阶段上来，尤其应抓住设计这个关键阶段，以取得事半功倍的效果。

（2）主动控制原则

传统决策理论是建立在绝对的逻辑基础上的一种封闭式决策模型，它把人看作具有绝对理性的“理性的人”或“经济人”，在决策时，本能地遵循最优化原则，即取影响目标的各种因素的最有利的值来选择实施方案。而美国经济学家西蒙首创的现代决策理论的核心则是“令人满意”准则。他认为，由于人的头脑能够思考和解答问题的容量同问题本身规模相比是渺小的，因此在现实世界里，要采取客观合理的举动，哪怕接近客观合理性，也是很困难的。因此，对决策人来说，最优化决策几乎是不可能的。西蒙提出了用“令人满意”来代替最优化，他认为决策人在决策时，可先对各种客观因素、执行人据以采取的可能行动以及这些行动的可能后果加以综合研究，并确定一套切合实际的衡量准则。如某一可行方案符合这种衡量准则，并能达到预期的目标，则这一方案便是满意的方案，可以采纳；否则应对原衡量准则做适当的修改，继续挑选。

一般说来，造价工程师的基本任务是合理确定并采取有效措施控制建设工程造价，为此，应根据业主的要求及建设的客观条件进行综合研究，实事求是地确定一套切合实际的衡量准则。只要造价控制的方案符合这套衡量准则，取得“令人满意”的结果，就可以说造价控制达到了预期目标。

长期以来，人们一直把控制理解为目标值与实际值的比较，以及当实际值偏离目标值时，分析其产生偏差的原因，并确定下一步的对策。在工程项目建设全过程进行这样的工程造价控制虽然有意义，但这种立足于调查—分析—决策基础之上的偏离—纠偏—再偏离—再纠偏的控制方法，只能发现偏离，不能使已产生的偏离消失，不能预防可能发生的偏离，因而只能说是被动控制。自20世纪70年代初开始，人们将系统论和控制论研究成果用于项目管理后，将控制立足于事先主动地采取决策措施，以尽可能地减少、避免目标值与实际值的偏离，这是主动的、积极的控制方法，因此被称为主动控制。也就是说，我们的工程造价控制，不仅要反映投资决策，反映设计、发包和施工，被动地控制工程造价，更要能动地影响投资决策，影响设计、发包和施工，主动地控制工程造价。

（3）技术与经济相结合原则

技术与经济相结合是控制工程造价最有效的手段。要有效地控制工程造价，应从组织、技术、经济等多方面采取措施。从组织上采取措施，包括明确项目组织结构，明确造价控制者及其任务，明确管理职能分工；从技术上采取措施，包括重视设计多方案选择，严格审查监督初步设计、技术设计、施工图设计、施工组织设计，深入技术领域研究节约投资的可能；从经济上采取措施，包括动态地比较造价的计划值和实际值，严格审核各项费用支出，采取对节约投资的有力奖励措施等。

应该看到，技术与经济相结合是控制工程造价最有效的手段。长期以来，在中国工程建设领域，技术与经济相分离。许多国外专家指出，中国工程技术人员的技术水平、工作能力、知识面，跟外国同行相比几乎不分上下，但他们缺乏经济观念，设计思想保守，设计规范、施工规范落后。国外的技术人员时刻考虑如何降低工程造价，而中国技术人员则把它看成与己无关的财会人员的职责。而财会、概预算人员的主要职责是根据财务制度办事，他们往往不熟悉工程知识，也很少了解工程进展中的各种关系和问题，往往单纯地从财务制度角度审核费用开支，难以有效地控制工程造价。为此，迫切需要解决以提高工程造价效益为目的，在工程建设过程中把技术与经济有机结合，通过技术比较、经济分析和效果评价，正确处理技术先进与经济合理两者之间的对立统一关系，力求在技术先进的条件下的经济合理，在经济合理基础上的技术先进，把控制工程造价观念渗透到各项设计和施工技术措施中。

3. 区分不同投资主体的工程造价控制

造价管理必须适应投资主体多元化的要求，区分政府性投资项目和社会性投资项目的特点，推行不同的造价管理模式。中国现行的投资体制存在不少问题，主要是政府对企业项目管得过多过细，对政府投资项目管得不够。

（1）政府投资项目，政府投资主要用于关系国家安全和市场不能有效配置资源的经济与社会领域，对于政府投资项目，继续实行审批管理。但要按照行政许可法的要求，在程序、时限等方面对政府的投资管理行为进行规范。《国务院关于投资体制改革的决定》中提出，“政府有关部门要制定严格规范的核准制度” “要严格限定实行政府核准制的范围”。

（2）企业投资项目。对于企业不使用政府投资建设的项目，一律不再实行审批制，区别不同情况实行核准制和备案制。对企业重大项目和限制类项目实行核准制，其他项目则实行备案制。项目的市场前景、经济效益、资金来源和产品技术方案等均由企业自主决策，自担风险，并依法办理环境保护、土地使用、资源利用、安全生产、城市规划等许可手续和减免税确认手续。

据有关方面的测算，实行备案制的项目约为75%，也就是说大部分项目将实行备案制。同时对于企业投资项目，政府转变了管理的角度，即将主要从行使公共管理职能的角度对其外部性进行核准，其他则由企业自主决策。企业投资建设实行核准制的项目，仅需向政府提交项目申请报告，不再经过批准项目建议书、可行性研究报告和开工报告的程序。

（三）工程造价管理的特点、目标及对象

1. 工程造价管理的特点

工程造价管理的特点主要表现在以下几个方面：时效性，反映的是某一时期内价格的特性，即随时间的变化而不断变化；公正性，既要维护业主（投资人）的合法权益，也要维护承包商的利益，站在公允的立场上一手托两家；规范性，由于建筑产品千差万别，构成造价的基本要素应分解为便于可比与计量的假定产品，因而要求标准客观、工作程序规范；准确性，即运用科学、技术原理及法律手段进行科学管理，使计量、计价、计费有理有据，有法可依。

建筑产品作为特殊的商品，具有不同于一般商品的特征，如建设周期长、资源消耗大、参与建设人员多、计价复杂等。相应地，反映在工程造价管理上则表现为参与主体多、阶段性管理、动态化管理、系统化管理的特点。

（1）工程造价管理的多主体性

工程造价管理的参与主体不仅包括建设单位项目法人，还包括工程项目建设的投资主管部门、行业协会、设计单位、施工单位、造价咨询机构等。具体来说，决策主管部门要加强项目的审批管理；项目法人要对建设项目从筹建到竣工验收全过程负责；设计单位要把好设计质量和设计变更关；施工企业要加强施工管理等。因此，工程造价管理具有明显的多主体性。

（2）工程造价管理的多阶段性

建设工程项目从可行性研究开始，依次进行设计、招标投标、工程施工、竣工验收等阶段，每一个阶段都有相应的工程造价文件，而每一个阶段的造价文件都有特定的作用。例如，投资估算价是进行建设项目可行性研究的重要参数，设计概预算是设计文件的重要组成部分；招标拦标价及投标报价是进行招投标的重要依据；工程结算是承发包双方控制造价的重要手段；竣工决算是确定新增固定资产的依据。因此，工程造价的管理需要分阶段进行。

（3）工程造价管理的动态性

工程造价管理的动态性有两个方面：一是工程建设过程中有许多不确定因素，如物价、自然条件、社会因素等，对这些不确定因素必须采用动态的方式进行管理；二是工程造价管理的内容和重点在项目建设的各个阶段是不同的、动态的。例如，可行性研究阶段工程造价管理的重点在于提高投资估算的编制精度以保证决策的正确性；招投标阶段是要确保招标拦标价和投标报价能够反映市场；施工阶段是要在满足质量和进度的前提下降低工程造价以提高投资效益。

（4）工程造价管理的系统性

工程造价管理具备系统性的特点。例如，投资估算、设计概预算、招标拦标价（投标报价）、工程结算与竣工决算组成了一个系统。因此应该将工程造价管理作为一个系统来研究，用系统工程的原理、观点和方法进行工程造价管理，才能实施有效的管理，实现最大的投资效益。

2. 工程造价管理的目标

工程造价管理的目标是按照经济规律的要求，根据社会主义市场经济的发展形势，利用科学管理方法和先进管理手段，合理地确定工程造价和有效地控制造价，以提高投资效益。合理确定造价和有效控制造价是有机联系辩证的关系，贯穿于工程建设全过程。国家计委（现为国家发展和改革委员会）印发的《关于控制建设工程造价的若干规定》指出：“控制工程造价的目的，不仅仅在于控制工程项目投资不超过批准的造价限额，更积极的意义在于合理使用人力、物力、财力，以取得最大的投资效益。”

3. 工程造价管理的对象

工程造价管理的对象分客体和主体。客体是工程建设项目，而主体是业主或投资人（建设单位）、承包商或承建商（设计单位、施工企业）以及监理、咨询等机构及其工作人员。具体的工程造价管理工作，其管理的范围、内容以及作用各不相同。

第七章　绿色建筑运营管理

第一节　绿色建筑及设备运营管理

一、室内环境参数管理

（一）合理确定室内温、湿度和风速

假设空调室外计算参数为定值时，夏季空调室内空气计算温度和湿度越低，房间的计算冷负荷就越大，系统耗能也越大。研究证明，在不降低室内舒适度标准的前提下，合理组合室内空气设计参数可以收到明显的节能效果。

随室内温度的变化，节能率呈线性规律变化，室内设计温度每提高1℃，中央空调系统将减少能耗约6%。当相对湿度大于50%时，节能率随相对湿度呈线性规律变化。由于夏季室内设计相对湿度一般不会低于50%，所以以50%为基准，相对湿度每增加5%，节能10%。因此在实际控制过程中，我们可以通过楼宇自动控制设备，使空调系统的运行温度和设定温度差控制在0.5℃以内，不要盲目地追求夏季室内温度过低，冬季室内温度过高。

通常认为20℃左右是人们最佳的工作温度；25℃以上人体开始出现一些状况的变化（皮肤温度出现升高，接下来出汗、体力下降以及消化系统等发生变化）；30℃左右时，人们开始心慌、烦闷；50℃的环境里人体只能忍受1小时。确定绿色建筑室内标准值的时候，我们可以在国家《室内空气质量标准》的基础上做适度调整。随着节能技术的应用，我们通常把室内温度在采暖期控制在16℃左右。制冷时期，由于人们的生活习惯，当室内温度超过26℃时，并不一定就开空调，通常人们有一个容忍限度，即在29℃时，人们才开空调，所以在运行期间，通常我们把室内空调温度控制在29℃。

空气湿度对人体的热平衡和湿热感觉有重大的作用。通常在高温高湿的情况下，人体散热困难，使人感到透不过气，若湿度降低，会感到凉爽。低温高湿环境下虽说人们感觉更加阴凉，如果降低湿度，会感觉到加温，人体会更舒适。所以根据室内相对湿度标准，在国家《室内空气质量标准》的基础上做了适度调整，采暖期一般应保证在30%以上，制冷期应控制在70%以下。

室内风速对人体的舒适感影响很大。当气温高于人体皮肤温度时，增加风速可以提高人体的舒适度，但是如果风速过大，会有吹风感。在寒冷的冬季，风速增加会使人感觉更冷，但是风速不能太小，如果风速过小，人们会产生沉闷的感觉。因此，采纳国家《室内空气质量标准》的规定，采暖期在0.2m/s以下，制冷期在0.3m/s以下。

（二）合理控制新风量

根据卫生要求建筑内每人都必须保证有一定的新风量。但新风量取得过多，将增加新风耗能量。所以新风量应该根据室内允许CO_2浓度和根据季节及时间的变化以及空气的污染情况，来控制新风量以保证室内空气的新鲜度。一般根据气候分区的不同，在夏热冬暖地区主要考虑的是通风问题，换气次数控制在0.5次/h，在夏热冬冷地区则控制在0.3次/h，寒冷地区和严寒地区则应控制在0.2次/h。通常新风量的控制是智能控制，根据建筑的类型、用途、室内外环境参数等进行动态控制。

（三）合理控制室内污染物

控制室内污染物的具体措施有采用回风的空调室内应严格禁烟；采用污染物散发量小或者无污染的“绿色”建筑装饰材料、家具、设备等养成良好的个人卫生习惯定期清洁系统设备，及时清洗或更换过滤器等；监控室外空气状况，对室外引入的新风系统应进行清洁过滤处理；提高过滤效果，超标时能及时对其进行控制；对复印机室和打字室、餐厅、厨房、卫生间等产生污染源的地方进行处理，避免建筑物内的交叉污染。必要时在这些地方进行强制通风换气。

二、建筑设备运行管理

（一）做好设备运行管理的基础资料工作

基础资料工作是设备管理工作的根本依据，基础资料必须正确齐全。利用现代手段，运用计算机进行管理，使基础资料电子化、网络化，活化其作用。设备的基础资料包括以下几点。

第一，设备的原始档案。指基本技术参数和设备价格；质量合格证书；使用安装说明书；验收资料；安装调试及验收记录；出厂、安装、使用的日期。

第二，设备卡片及设备台账。设备卡片将所有设备按系统或部门、场所编号。按编号将设备卡片汇集进行统一登记，形成一本企业的设备台账，从而反映全部设备的基本情况，给设备管理工作提供方便。

第三，设备技术登记簿。在登记簿上记录设备从开始使用到报废的全过程。包括规划、设计、制造、购置、安装、调试、使用、维修、改造、更新及报废，都要进行比较详细的记载。每台设备建立一本设备技术登记簿，做到设备技术登记及时、准确、齐全，反映该台设备的真实情况，用于指导实际工作。

第四，设备系统资料。建筑的物业设备都是组成系统才发挥作用的。例如，中央空调系统由冷水机组、冷却泵、冷冻泵、空调末端设备、冷却塔、管道、阀门、电控设备及监控调节装置等一系列设备组成，任何一种设备或传导设施发生故障，系统都不能正常制冷。因此，除了设备单机资料的管理之外，对系统的资料管理也必须加以重视。系统的资料包括竣工图和系统图。竣工图是在设备安装、改进施工时原则上应该按施工图施工，但在实际施工时往往会碰到许多具体问题需要变动，把变动的地方在施工图上随时标注或记录下来，等施工结束，把施工中变动的地方全部用图重新标示出来，符合实际情况，绘制竣工图，交资料室及管理设备部门保管。系统图是竣工图是整个物业或整个层面的布置图，在竣工图上各类管线密密麻麻，纵横交错，非常复杂，不熟悉的人员一时也很难查阅清楚，而系统图就是把各系统分割成若干子系统（也称分系统），子系统中可以用文字对系统的结构原理、运作过程及一些重要部件的具体位置等做比较详细的说明，表示方法灵活直观、图文并茂，使人一目了然，可以很快解决问题。把系统图绘制成大图，可以挂在工程部墙上强化员工的培训教育意识。

（二）合理匹配设备，实现经济运行

合埋匹配设备，是建筑节能关键。否则，匹配不合理，“大马拉小车”，不仅运行效率低下，而且设备损失和浪费都很大。在合理匹配设备方面，应注意以下几点。

第一，要注意在满足安全运行、启动、制动和调速等方面的情况下，选择好额定功率恰当的电动机，避免选择功率过大而造成的浪费和功率过小而电动机过载运行，缩短电机

寿命的现象。

第二，要合理选择变压器容量。由于使用变压器的固定费用较高且按容量计算，而且在启用变压器时也要根据变压器的容量大小向电力部门交纳增容费。因此，合理选择变压器的容量也至关重要。选得太小，过负荷运行变压器会因过热而烧坏；选得太大，不仅增加了设备投资和电力增容等费用，同时耗损也很大，使变压器运行效率低，能量损失大。

第三，要注意按照前后工序的需要，合理匹配各工序各工段的主辅机设备，使上下工序达到优化配置和合理衔接，实现前后工序能力和规模的和谐一致，避免因某一工序匹配过大或过小而造成浪费资源和能源的现象。

第四，要合理配置办公、生活设施，比如，空调的选用，要根据房间面积去选择合适的空调型号和性能，否则功率过大造成浪费，功率过小又达不到效果。

（三）动态更新设备，最大限度发挥设备能力

设备技术和工艺落后，往往是产生性能差、消耗高、运行成本高、污染大的一个重要原因，同时对安全管理等方面也有很大影响。因此要实现节能减排，必须下决心去尽快淘汰那些能耗高、污染大的落后设备和工艺。在淘汰落后设备和技术工艺中，应注意以下几个事项。

第一，根据实际情况，对设备实行梯级利用和调节使用，逐步把节能型设备从开动率高的环节向使用率低的环节动态更新，把节能型设备用在开动率高的环节上，更换下的高能耗设备用在开动率低的环节上。这样换下来的设备用在开动率低的环节后，虽然能耗大、效率低，但由于开动的次数少，反而比投入新设备的成本还低。

第二，要注意对闲置设备按照节能减排的要求进行革新和改造，努力盘活这些设备并用于运行中。

第三，要注意单体设备节能向系统优化节能转变，全面考虑工艺配套，使工艺设备不仅在技术设备上高起点，而且在节能上高起点。

（四）合理利用和管理设备，实现最优化利用能量

节能减排的效率和水平很大程度上取决于设备管理水平的高低。加强设备管理是不需要投资或少投资就能收到节能减排效果的措施。在设备管理上，应注意以下几个事项。

第一，要把设备管理纳入经济责任制严格考核，对重点设备指定专人操作和管理。

第二，要注意削峰填谷，例如蓄冷空调。针对建筑的性质和用途以及建筑冷负荷的变

化和分配规律来确定蓄冷空调的动态控制，完善峰谷分时电价、分季电价，尽量安排利用低谷电。特别是大容量的设备要尽量放在夜间运行。

第三，设备要做到在不影响使用效果的情况下科学合理使用，根据用电设备的性能和特点，因时因地因物制宜，做到能不用的尽量不用，能少用的尽量少用，在开机次数、开机时间等方面灵活掌握，严格执行主机停、辅机停的管理制度。如一台115匹分体式空调机如果温度调高1℃，按运行10h计算能节省0.5度电，而调高1℃，人所能感到的舒适度并不会降低。

第四，摸清建筑节电潜力和存在的问题，有针对性地采取切实可行的措施挖潜降耗，坚决杜绝白昼灯、长明灯、长流水等浪费能源的现象发生，提高节能减排的精细化管理水平。

（五）养成良好的习惯，减少待机设备

待机设备是指设备连接到电源上且处于等待状态的耗电设备。在企业的生产和生活中，许多设备大多有待机功能，在电源开关未关闭的情况下，用电设备内部的部分电路处于待机状态，照样会耗能。比如电脑主机关后不关显示器、打印机电源；电视机不看时只关掉电视开关，而电源插头并未拔掉；企业生产中有许多不是连续使用的设备和辅助设备，操作工人为了使用上的便利，在这些设备暂不使用时将其处于待机通电状态。由于诸如此类的许多待机功耗在作怪，等于在做无功损耗，这样不仅会耗费可观的电能，造成大量电能的隐性浪费，而且释放出的CO_2还会对环境造成不同程度的影响。

因此，在节能减排方面，我们要注意消除隐性浪费，这不仅有利于节约能源，也有利于减少环保压力。要消除待机状态，这其实是一件很容易的事情，只要对生产、生活、办公设备长时间不使用时彻底关掉电源就可以了。如果我们每个企业都养成这样良好的用电习惯，每年就可以减少很多设备的待机时间，节约大量能耗。

三、建筑门窗管理

绿色建筑是资源和能源的有效利用、保护环境、亲和自然、舒适、健康、安全的建筑，然而实现其真正节能，我们通常就是利用建筑自身和天然能源来保障室内环境品质。基本思路是使日光、热、空气仅在有益时进入建筑，其目的是控制阳光和空气于恰当的时间进入建筑，以及储存和分配热空气和冷空气以备需要。手段则是通过对建筑门窗的管理，实现其绿色的效果。

（一）利用门窗控制室内的热量、采光等问题的措施

太阳通过窗口进入室内可以增加进入室内的太阳辐射，一方面可以充分利用昼光照明，减少电气照明的能耗，减少冬季采暖负荷。另一方面，会引起空调冷负荷的增加。针对此问题采取以下几项具体措施。

第一，建筑外遮阳。为了取得遮阳效果的最大化，遮阳构件有可调性增强、便于操作及智能化控制的趋向。有的可以根据气候或天气情况调节遮阳角度；有的可以根据居住者的使用情况（在或不在），自动开关，达到最有效的节能。具体形式有遮阳卷帘、活动百叶遮阳、遮阳篷、遮阳纱幕等。

下面介绍一下自动卷帘遮阳篷的运作模式。它在解决室内自然采光和节能、热舒适性的同时，还可以解决因夏季室内过热，而增加室内空调能耗的问题，可根据季节、日照、气温的变化灵活控制。

在夏季完全伸展时，可遮挡大部分太阳辐射和光线，减少眩光的同时能够引入足够的光线；冬季时可以完全打开，使阳光进入建筑空间，提高内部温度的同时也提高了照明水平；在过渡季节，则根据室外日照变化自动控制中庭遮阳篷的运行模式。

第二，窗口内遮阳。目前窗帘的选择，主要是根据住户的个人喜好来选择面料和颜色的，很少顾及节能的要求。相比外遮阳，窗帘遮阳更灵活，更易于用户根据季节天气变化来调节适合的开启方式，不易受外界破坏。内遮阳的形式有百叶窗帘、百叶窗、拉帘、卷帘等。材料则多种多样，有布料、塑料、金属、竹、木等。内遮阳也有不足的地方。当采用内遮阳的时候，太阳辐射穿过玻璃，使内遮阳帘自身受热升温。这部分热量实际上已经进入室内，有很大一部分将通过对流和辐射的方式，使室内的温度升高。

第三，玻璃自遮阳。利用窗户玻璃自身的遮阳性能，阻断部分阳光进入室内。玻璃自身的遮阳性能对节能的影响很大，应该选择遮阳系数小的玻璃。遮阳性能好的玻璃常见的有吸热玻璃、热反射玻璃、低辐射玻璃。这几种玻璃的遮阳系数低，具有良好的遮阳效果。值得注意的是，前两种玻璃对采光有不同程度的影响，而低辐射玻璃的透光性能良好。此外，利用玻璃进行遮阳时，必须是关闭窗户的，会给房间的自然通风造成一定的影响，使滞留在室内的部分热量无法散发出去。所以，尽管玻璃自身的遮阳性能是值得肯定的，但是还必须配合百叶遮阳等措施，才能取长补短。

第四，采用通风窗技术将空调回风引入双层窗夹层空间，带走由日照引起的中间层百叶温度升高的对流热量。中间层百叶在光电控制下自动改变角度，遮挡直射阳光，透过散

射可见光。

（二）利用门窗有组织地控制自然通风

自然通风是当今生态建筑中广泛采用的一项技术措施。它是一项久远的技术，中国传统建筑平面布局坐北朝南，讲究穿堂风，都是自然通风、节省能源的朴素运用。只不过当现代人们再次意识到它时，才感到更加珍贵，并与现代技术相结合，从理论到实践都将其提高到一个新的高度。在建筑设计中自然通风涉及建筑形式、热压、风压、室外空气的热湿状态和污染情况等诸多因素。自然通风可以在过渡季节提供新鲜空气和降温，也可以在空调供冷季节利用夜间通风，降低围护结构和家具的蓄热量，减少第二天空调的启动负荷。

实验表明，充分的夜间通风可使白天室温低2~4℃。日本松下电器情报大楼、高崎市政府大楼等都利用了有组织的自然通风对中庭或办公室通风，过渡季节免开空调。在外窗不能开启和有双层或三层玻璃幕墙的建筑中，还可以利用间接自然通风，即将室外空气引入玻璃间层内，再排到室外。这种结构不同于一般玻璃幕墙，双层玻璃之间留有较大的空间，被称为“会呼吸的皮肤”。冬季，双层玻璃间层形成阳光温室，提高建筑围护结构表面温度。夏季，利用烟囱效应在间层内通风，将间层内热空气带走。自然通风在生态建筑上的应用目的就是尽量减少传统空调制冷系统的使用，从而减少能耗、降低污染。实际工程中通过对窗的自动控制实现自然通风的有效利用，例如上海某绿色办公室自然通风运作管理模式。

一般办公室工作时间（8：30~17：00）空调系统开启，而下班后“人去楼空”，室外气温却开始下降，这时通过采取自然通风的运行管理模式将室内余热散去，可以为第二天早晨提供一个清凉的办公室室内环境，不仅有利于空调节能，更有利于让有限的太阳能空调发挥最佳的降温效果，使办公室在日间经历高温时段室内温度控制在舒适范围。17：00（下班时间）以后，如果室内温度超过24℃时，出现早晨0：00~8：00时段，室外温度低于室内温度；17：00~0：00时段，室外温度低于室内温度；17：00~8：00时段，室外温度低于室内温度等情况之一，则按照各自情况的时段将侧窗打开，同时促进自然通风的通风风道开启。通过对窗的开启进行自动控制，从而实现高效运行，既降低空调能耗，又提高室内热舒适性。

第二节 绿色建筑节能检测和诊断

一、节能检测和计量

（一）节能检测

1. 热流计法

热流计是建筑能耗测定中的常用仪表，该方法采用热流计及温度传感器测量通过构件的热流值和表面温度，通过计算得出其热阻和传热系数。

其检测基本原理为在被测部位布置热流计，在热流计周围的内外表面布置热电偶，通过导线把所测试的各部分连接起来，将测试信号直接输入微机，通过计算机数据处理，可打印出热流值及温度读数。当传热过程稳定后，开始计量。为使测试结果准确，测试时应在连续采暖（人为制造室内外温差亦可）稳定至少 7 天的房间中进行。一般来讲，室内外温差愈大（要求必须大于 20℃），其测量误差相对愈小，所得结果亦较为精确，其缺点是受季节限制。该方法是目前国内外常用的现场测试方法，国际标准和美国 ASTM 标准都对热流计法做了较为详细的规定。

2. 热箱法

热箱法是测定热箱内电加热器所发出的全部通过围护结构的热量及围护结构冷热表面温度。它分为实验室标定热箱法和试验室防护热箱法两种。

其基本检测原理是用人工制造一个一维传热环境，被测部位的内侧用热箱模拟采暖建筑室内条件并使热箱内和室内空气温度保持一致，另一侧为室外自然条件，维持热箱内温度高于室外温度 8℃以上，这样被测部位的热流总是从室内向室外传递，当热箱内加热量与通过被测部位的传递热量达到平衡时，通过测量热箱的加热量得到被测部位的传热量，经计算得到被测部位的传热系数。

该方法的主要特点主要是基本不受温度的限制，只要室外平均空气温度在 25℃以下，相对湿度在 60% 以下，热箱内温度大于室外最高温度 8℃以上就可以测试。据业内技术专家通过交流认为，该方法在国内尚属研究阶段，其局限性亦是显而易见的，热桥部位无法测试，况且尚未发现有关热箱法的国际标准或国内权威机构的标准。

3. 红外热像仪法

红外热像仪法目前还在研究改进阶段，它通过摄像仪可远距离测定建筑物围护结构的热工缺陷，通过测得的各种热像图表征有热工缺陷和无热工缺陷的各种建筑构造，用于在分析检测结果时做对比参考，因此只能定性分析而不能量化指标。

4. 常功率平面热源法

常功率平面热源法是非稳态法中一种比较常用的方法，适用于建筑材料和其他隔热材料热物理性能的测试。其现场检测的方法是在墙体内表面人为地加上一个合适的平面恒定热源，对墙体进行一定时间的加热，通过测定墙体内外表面的温度响应辨识出墙体的传热系数。

（二）节能计量

1. 冷热计量的方式

要实现冷热计量，通常使用的方式有以下几种。

(1) 北方公用建筑，可以在热力入口处安装楼栋总表。

(2) 北方已有民用建筑（未达到节能标准的），可以在热力入口处安装楼栋总表，每户安装热分配表。

(3) 北方新的民用建筑（达到节能标准的），可以在热力入口处安装楼栋总表，每户安装户用热能表。

(4) 采用中央空调系统的公用建筑，按楼层、区域安装冷/热表；采用中央空调系统的民用建筑，按户安装冷/热表。

2. 采暖的计费计量

“人走灯关”是最好的收费实例，同样也是用多少电交多少费的有力佐证。分户供暖达到计量收费这一制约条件后，居民首先考虑的就是自己的经济利益，现有供热体制就是大锅饭，热了开窗将热量一放再放。如果分户供暖进而计量收费，居民就会合理设计自家的供热温度，比如，卧室休息时可以调到 20℃，平时只需 15℃即可。厨房和储藏室不用时保持在零上温度即可，客厅只需 16℃就可安全越冬，长期坚持，自然就养成了行为节能的好习惯。分户热计量、分室温控采暖系统的好处是水平支路长度限于一个住户之内；能够分户计量和调节热供量；可分室改变供热量，满足不同的室温要求。

3. 分户热量表

(1) 分室温度控制系统装置——锁闭阀

锁闭阀，分两通式锁闭阀及三通式锁闭阀，具有调节、锁闭两种功能，内置外用弹子锁，根据使用要求，可为单开锁或互开锁。锁闭阀既可在供热计量系统中作为强制收费的管理手段，又可在常规采暖系统中利用其调节功能。当系统调试完毕即锁闭阀门，避免用户随意调节，维持系统正常运行，防止失调发生。散热器温控阀，散热器温控阀是一种自动控制散热器散热量的设备，它由两部分组成，一部分为阀体部分，另一部分为感温元件控制部分。由于散热器温控阀具有恒定室温的功能，因此主要用在需要分室温度控制的系统中。自动恒温头中装有自动调节装置和自力式温度传感器，不需任何电源长期自动工作。它的温度设定范围很宽，连续可调。

(2) 热量计装置——热量表

热量表（又称热表）是由多部件组成的机电一体化仪表，主要由流量计、温度传感器和积算仪构成。住户用热量表宜安装在供水管上，此时流经热量表的水温较高，流量计量准确。如果热量表本身不带过滤器，表前要安装过滤器。热量表用于需要热计量系统中。热量分配表不是直接测量用户的实际用热量，而是测量每个用户的用热比例，由设于楼入口的热量总表测算总热量，采暖季结束后，由专业人员读表，通过计算得出每户的实际用热量。热量分配表有蒸发式和电子式两种。

4. 空调的计费计量

能量"商品化"，按量收费是市场经济的基本要求。中央空调要实现按量收费，必须有相应的计量器具和计量方法，按计量方法的不同，目前中央空调的收费计量器具可分为直接计量和间接计量两种形式。

(1) 直接计量形式

直接计量形式的中央空调计量器具主要是能量表。能量表由带信号输出的流量计、两只温度传感器和能量积算仪三部分组成，它通过计量中央空调介质（水）的某系统内瞬时流量、温差，由能量积算仪按时间积分计算出该系统热交换量。在能量表应用方面，根据流量计的选型不同，主要有三大类型，分别为机械式、超声波式、电磁式。

(2) 间接计量形式

间接计费方法有电表计费、热水表计费等。电表计费就是通过电表计量用户的空调末端的用电量作为用户的空调用量依据来进行收费的；热水表计费就是通过热水表计量用户的空调末端用水量作为用户的空调用量依据来进行收费的。这两种间接计费方法虽简单、便宜，但都不能真正反映空调“量”的实质，中央空调要计的“量”是消耗能量（热交换量）的多少。按这几种间接计费方法，中央空调系统能量中心的空调主机即使不运行或干脆没有空调主机，只要用户空调末端打开，都有计费，这显然是不合情理的。

(3) 当量能量计量法

CFP 系列中央空调计费系统（有效果计时型）根据中央空调的应用实际情况，首先检测中央空调的供水温度，只有在供水温度大于40℃（采暖）或小于12℃（制冷）情况下才计费（确保中央空调“有效果”），然后检测风机盘管的电动阀状态（无阀认为常开）和电机状态（确保用户在“使用”）进行计费（计量的是用户风机盘管的“有效果”使用时间），但这仅仅是一个初步数据，还得利用计算机技术、微电子技术、通信技术和网络技术等，通过计费管理软件以这些数据为基础进行合理的计算得出“当量能量”的付费比例，才能作为收费依据。

综上所述，值得推荐的两种计量方式为直接能量计量（能量表）和 CFP 当量能量计量。根据它们的特点，前者适用于分层、分区等大面积计量，后者适用于办公楼、写字楼、酒店、住宅楼等小面积计量。

二、建筑系统的调试

系统的调试是重要但容易被忽视的问题。只有调试良好的系统才能够满足要求，并且实现运行节能。如果系统调试不合理，往往加大系统容量才能达到设计要求，不仅浪费能量，而且会造成设备磨损和过载，必须加以重视。例如，有的办公楼未调试好系统就投入使用，结果由于裙房的水管路流量大大超过应有的流量，致使主楼的高层空调水量不够，不得不在运行一台主机时开启两台水泵供水，以满足高层办公室的正常需求，造成能量浪费。最近几年，新建建筑的供热、通风和空调系统、照明系统、节能设备等系统与设备都依赖智能控制。然而，在很多建筑中，这些系统并没有按期望运行。这样就造成了能源的浪费。这些问题的存在使建筑调试得到发展。

调试包括检查和验收建筑系统、验证建筑设计的各个方面，确保建筑是按照承包文件建造的，并验证建筑及系统是否具有预期功能。建筑调试的好处是在建筑调试过程中，对建筑系统进行测试和验证，以确保它们按设计运行并且达到节能和经济的效果；建筑调试过程有助于确保建筑的室内空气品质的良好；施工阶段和居住后的建筑调试可以提高建筑系统在真实环境中的性能，减少用户的不满程度；施工承包者的调试工作和记录保证系统按照设计安装，减少了在项目完成之后和建筑整个寿命周期问题的发生，也就意味着减少了维护与改造的费用；在建筑的整个寿命周期每年或者每两年定期进行再调试能保证系统连续正常运行。因此也保持了室内空气品质，建筑再调试还能减少工作人员的抱怨并提高他们的效率，也减少了建筑业主潜在的责任。

三、设备的故障诊断

（一）故障检测与诊断新的定义与分类

故障检测和故障诊断是两个不同的步骤，故障检测是确定故障发生的确切地点，而故障诊断是详细描述故障是什么，确定故障的范围和大小，即故障辨识，按习惯统称为故障检测与诊断（FDD）。故障检测与诊断的分类方法很多，如果按诊断的性质分，可分为调试诊断和监视诊断；如果按诊断推理的方法分，又可以分为从上到下的诊断方法和从下到上的方法；如果按故障的搜索类型来分，又可以分为拓扑学诊断方法和症状诊断方法。

（二）暖通空调故障检测与诊断的现状与发展方向

目前开发出来的主要故障诊断工具有用于整个建筑系统的诊断工具；用于冷水机组的诊断工具；用于屋顶单元故障的诊断工具；用于空调单元故障的诊断工具；变风量箱诊断工具。但上述诊断工具都是相互独立的，一个诊断工具的数据并不能用于另一个诊断工具中。

可以预见，将来的故障诊断工具将是建筑的一个标准的操作部件。诊断学将嵌入到建筑的控制系统中去，甚至故障诊断工具将成为 EMCS 的一个模块。这些诊断工具可能是由控制系统生产商开发提供，也可能是由第三方的服务提供商来完成。换句话说，各个诊断工具的数据和协议将是开放和兼容的，是符合工业标准体系的，具有极大的方便性和实用性。

第三节 既有建筑的节能改造

一、建筑节能的背景及其意义

（一）节能的背景

人类从诞生至今，就开始一点一滴地通过利用自然界的资源满足自己的生产生活需求，通过对能源的利用，人类文明得以不断发展。无论是原始社会利用水流灌溉的水渠，还是现代文明中巨大的核子反应堆，都是人类运用能源的真实写照。几千年来，人类运用能源提高了生产力，提升了自己的生活品质，同时也将自己利用能源的手段获得了质的提升。然而自从1973年第一次能源危机之后，人类便了解到能够获取的能源并非取之不尽用之不竭。就煤炭和石油燃料而言，以现阶段的开采速度，煤炭仅能维持人类百余年的需求，而石油资源只能维持数十年。资源的总量是有限的，一旦超过了地球的承受能力，人类只会越来越难以获得资源。不仅如此，环保问题也越来越成为威胁人类生存的重要问题。过量的温室气体排放造成温室效应使得全球海平面升高，空调气体排放导致臭氧层遭到破坏，树木的乱砍滥伐导致绿地不断减小，土地荒漠化与水土流失……人类对自然资源的开采以及随意利用最终威胁到了自身生存。由于人类对资源毫无节制地利用，肆意地向地球排除污染物，导致各种自然灾害频发，对生产生活造成了很大危害。如果人类再不悬崖勒马，按目前的碳排放速度，到20世纪末，全球气温将会提高3℃左右，从而引起更为可怕的环境问题，甚至引起灾难性后果，例如全球海平面上升甚至极端天气增加。发现自身对自然的破坏以及资源的有限性之后，人类开始评估如何在自然资源的利用与开采间取得平衡，与此同时，更加高效的能源利用方式也不断被人发现。一切都只为了一个核心，以最高的效率利用这些能量，使人类生活与生态环境趋向平衡。

（二）既有建筑节能改造的必要性

第一，既有建筑节能改造有利于提高我国能源利用效率，是缓解我国能源短缺的重要手段。节能作为我国国民经济发展的一项长期战略政策，是保证国民经济可持续发展的重要手段。随着人们生活水平的不断提高，对居住条件舒适度的要求越来越高，这必然导致建筑能耗的增长。然而，现有的大多数住宅建筑在功能和节能方面都不能满足舒适性的要求。因此，大量既有居住建筑也是高能耗建筑，其节能改造将带来长期的经济效益和社会效益。

第二，既有建筑节能改造有利于改善大气热环境，实现可持续发展。在对既有居住建筑进行节能改造的同时，结合绿色建筑技术和废弃物的充分利用，可以大大减少建筑材料的使用，减少建筑废弃物，保护环境。

第三，既有建筑节能改造是建设节约型和谐社会的需要。为了让这些旧建筑发挥作用，我们应该在节能改造的同时，从以人为本的角度满足用户对现有居住建筑功能和环境的需求。从经济的角度来看，翻新旧建筑比建造新建筑更经济。而且既有居住建筑的节能改造也可以降低建筑的市场需求，有利于房地产市场的健康发展。

第四，既有建筑节能改造有利于建筑业发展。经过发达国家建筑行业多年的发展，已经证明许多建筑成品和建筑技术的发展与建筑节能的发展密切相关。主要原因是随着国家建筑节能标准的提高，建筑的所有基本构件都发生了很大的变化，包括墙体、门窗、屋顶、地板、采暖、空调、照明等。多年前采用的许多材料和做法已经不能满足建筑节能建筑的要求，需要用新型高效保温材料、密封材料、节能设备、保温管道、自动控制元件等来代替。由于大量新型节能建筑的建设和现有居住建筑的大规模节能改造，这些将产生巨大的市场需求，从而促进建筑业的发展。

第五，既有建筑节能改造是我国建筑节能工作的关键。如果只考虑新建建筑的节能，而不考虑既有建筑的节能改造，那么建筑节能的实际效果只能局限在很小的范围内，大多数建筑无法真正实现建筑节能。因此，加强既有居住建筑的节能改造迫在眉睫。

第六，全社会的能耗占建筑能耗的30%。每吨高效节能材料可节约3吨标准煤。同时还可以减少二氧化碳、粉尘、二氧化硫排放一吨。还有就是舒适度的问题。与未进行节能改造的建筑相比，相同能耗下，室内温度可提高4~5度。建筑保温确实是节能环保的好方法。

（三）建筑节能决策优化的重要作用

在能源消耗过程中，建筑能耗占有很大的比重，其中包括建造消耗及使用消耗两个方面。大部分开发商为了节约成本，在建造能耗方面能够做到一定程度的把控。然而在后期使用消耗上一般与企业利益挂钩不大，使得新节能技术难以得到推广。建造能耗属于一次性消耗，使用消耗则包含一个长期的过程。

如今，中国各大城市已经清醒地认识到现有建筑物在很大程度上无法满足节能环保的需要，如不对高能耗建筑进行有效的节能改造，其造成的能源浪费将对中国的可持续发展方针形成严重阻碍。因此，各级政府也在积极地对高能耗、低效率的建筑进行节能改造，减少城市的能源负担。但相当一部分改造，投入了巨大的成本却未能达到预期的节能效果，有的甚至造成资源浪费，为城市发展带来了额外的负担。究其原因不难看出，中国一部分节能改造工程在决策前并未进行科学的分析，相反，仅仅是照搬硬套成功案例或者凭借经验武断地做出判断。因此容易发生吃力不讨好的情况，不但成本超支，节能效果也大打折扣。

节能改造工程具有很大的地域性特征，对材料的要求与达到效果在不同城市之间具有很大差异。若能将凭经验判定的因子具体量化，在决策比对时更易做出判断。因此，需要有科学的方法评价节能改造方案中的各项指标。

二、既有建筑节能改造的系统学分析

（一）物理结构层

物理结构层是系统得以生存和发展的物质基础，研究物理结构层实际上就是剖析整个系统内部的物理结构，其研究对象具体包括系统的边界、组成元素、元素之间的关系以及构成的运行模式。系统边界的作用是区分系统内部元素和外部环境的。元素是系统的基本组成，也是系统中各关联的基本单元。整个系统中的元素之间具有独立的或者复杂的关系，这些系统元素和其中联系集（relationship set）是指同一类联系构成的集合。

1. 既有建筑节能改造系统的边界

系统边界就是指一个系统所包含的所有系统成分与系统之外各种事物的分界线。一般在系统分析阶段都要明确系统边界，这样才能继续进行下面的研究。由于社会系统一般都是开放的复杂系统，系统内部和环境之间进行的各种交换行为也是时刻进行的。既有建筑节能改造系统就是一个典型的社会系统，所以它不具有明确的物理边界。

首先，针对既有建筑节能改造来说，改造空间并不是固定的，可能为公共建筑，或者为住宅建筑，公共建筑中又分为政府建筑、企事业单位建筑等；其次，参与既有建筑节能改造的主体也可能发生变化，参与改造工程的主体包括中央政府、地方政府、国外合作组织、节能服务公司、供热企业、金融机构、第三方评估机构和用能单位等，面对不同的建筑形式和改造背景，参与主体可以形成多种组合形式；最后，不同项目的既有建筑节能改造的内容和技术也是不同的，改造内容包括围护结构改造、供热系统改造、门窗改造、节水节电改造和建筑环境改造等，面对如此多样的改造内容，技术革新是非常必要的。由此可见，定义既有建筑节能改造系统的物理边界是非常困难的。所以，面对不同的改造项目、参与主体和改造背景，既有建筑节能改造系统的边界都是不同的，它是模糊的，也是动态变化的。

2. 既有建筑节能改造系统的结构

每个系统都由元素按照一定的方式组成，组成系统的元素本身也是一个系统，从这个意义上可以将元素看作是系统的“子系统”，这些子系统结构是由一些特定的元素按照一定的关联方式形成的。为了分析既有建筑节能改造系统的结构，必须先明确该系统中包含的元素以及包含的子系统。尽管既有建筑节能改造系统是个具有模糊边界的大系统，但是其中的结构还是比较清晰的。该系统中包含的元素包括政府、节能服务公司、供能企业、用能单位、金融机构和第三方评估机构等。其中政府、用能单位又可作为子系统对待，故将政府分为中央政府和地方政府，用能单位分为政府、企事业单位、单一产权企业和住户。各个参与主体在既有建筑节能改造过程中所表现的行为特征或者做出的行为策略都有所不同。

3. 既有建筑节能改造系统的运行模式

从系统学的角度考虑，系统的运行模式就是为了实现系统稳定运行而形成的各元素之间、各子系统之间的组合方式和关系。系统在运行过程中会形成多种模式，也就是系统中各要素的不同组合方式，在不同的模式中，各个要素或子系统所具有的效力是不同的，每一种模式所具有的合力也不单单是效力和。根据不同的模式结构，系统出现不同的“涌现性”（即系统论中的整体大于部分和理论），为使整个系统实现最大效力的“涌现”，人们总是根据自身外部的环境，采用自认为最理想和最优化的运行模式，来实现整个系统的最大潜能和最大效力。

研究既有建筑节能改造的运行模式就是研究该系统中不同元素的组合方式，即由不同改造主体推动的改造模式。既有建筑节能改造的运行模式构建，就是通过人为手段实现结构层中的各个参与主体在管理、监督、融资、保障等环节上的协调配合，实现在既有建筑节能改造中技术、资金、人员、设施等方面的合理配置，最终目标就是尽可能发挥各个参与主体的最大效力和最大潜力，推动既有建筑节能改造工作顺利进行，实现经济效益、环境效益、社会效益的最大化。

但是由于既有建筑节能改造行为具有正外部性，即一些参与主体的行为活动给别的主体或环境带来了可以无偿得到的收益，这就影响到了各个主体参与既有建筑节能改造工作的积极性。由于外部成本不能内部化，进而造成了该市场存在部分失灵的区域，从而影响到中国既有建筑节能改造工作市场化的顺利开展。鉴于既有建筑节能改造的正外部性，目前该工作主要是以政府推动为主、市场配合为辅。

(1) 既有建筑节能改造运行模式的分析内容

针对一个具体的既有建筑节能改造项目，为了探索适合该项目的运行模式，首先必须对于该项目的具体情况进行分析研究，具体分析内容包括政府保障形式、改造主体、改造内容、改造效果、改造资金来源、改造后利益回报及分享形式等。

政府保障形式。鉴于目前既有建筑节能改造市场具有部分失灵的区域，影响到该工作市场化的顺利进行，所以必须充分发挥中央政府以及各地方政府的组织协调作用，来保障既有建筑节能改造工作的开展。中央政府需要根据每一阶段具体建筑节能改造情况，制定下一阶段的宏观规划目标，而且制定相应的经济激励政策和监督考核办法，即提供适合改造工作顺利开展的外部环境；各地方政府则应制订符合地方改造情况的配套政策以及相应的实施办法，并对建筑节能改造的具体项目做好合理有效的组织和管理工作。

改造主体。改造主体的选择主要是由房屋私有化率的高低决定的。目前既有建筑节能改造的房屋分为公共建筑和住宅建筑。公共建筑主要为政府建筑和企事业单位建筑等，这些房屋产权单一，改造主体主要为房屋所有权持有单位。对于住宅建筑的节能改造，中国与其他国家的情况有些不同。在欧洲多数国家，住宅建筑是由住房合作社所有，所以房屋产权公司是开展既有居住建筑节能改造的主体。而中国大部分的住宅建筑都归住户所有，所以既有居住建筑节能改造工作多为房地产公司、供热企业等主体组织实施。

改造内容。中国既有建筑节能改造的主要内容包括建筑围护结构改造、采暖系统改造、通风制冷系统改造以及电气系统改造等。而国外，例如，德国的既有建筑节能改造工程除了上述内容外，还增加了对房屋周边环境的改善，极大地增大了居民对改造的认同程度。由于既有建筑节能改造内容的复制性不强，所以必须坚持“因地制宜”的原则，在改造工作前期要做好充分的建筑性能调查工作，选择科学合理先进的改造技术。在改造结束后也要做好严格的建筑能耗检测工作，并对改造后建筑进行后期维护和管理工作。

改造资金来源。在德国和波兰等国家，政府为了保证既有建筑节能改造工作的顺利进行，均制订了专项的资金计划，并配合了合理稳定的经济激励政策来刺激改造主体的积极性。所以，中国政府也应采取一些经济保障措施来推动既有建筑节能改造工作。具体项目的改造主体也可以利用先进的融资模式，充分调动资本市场的大量流动资金。改造主体还可以在政府的协助下，通过申请清洁发展机制项目（CDM），获得发达国家和企业的资金援助。

改造效果。通过对大量国内外既有建筑节能改造工程实例的分析研究，房屋采用科学合理的技术改造方案后，均较大程度地改善了室内的热舒适环境，也获得了较好的节能效果，基本可以达到规定的 50% 或 65% 的节能标准，这也充分证明了开展既有建筑节能改造的必要性。

改造后利益回报及分享形式。利益回报是各个改造主体投资既有建筑节能改造的原动力，对于不同的改造主体，利益回报模式也是不同的。国外公共建筑或住宅建筑的私有化率比较高，而且国外的既有建筑节能改造市场机制也比较完善，具有单一产权的住宅公司可以依靠节约能源的费用和提高的租金来回收改造投入。由于中国目前既有建筑的节能改造工作市场动力不足，导致改造主体主要是大型房地产公司或者供热企业，回收资金除了通过节约能源费用的方式，房地产公司还可以依靠加层面积的销售来实现投资回收，供热企业则通过间接地增加供热面积来实现供暖费收益的增加。

(2) 现有的建筑节能改造模式分析

通过对上述改造模式内容的分析，可以得出，一个完整的改造模式需要改造主体根据政府保障方式、改造效果目标，选择合理的改造内容、技术，并配合有效的资金保障形式才能够顺利运行。

虽然中国既有建筑节能改造工作开展得比较晚，但是中央政府以及各地方政府对于这项利国利民的工作给予了高度的重视。通过结合中国基本国情以及既有建筑节能改造市场的发展情况，政府在一些典型城市开展了示范工程，提出并使用了多种改造模式，具体可分为以下几种。

第一种，供热企业改造模式。由于供热企业一般具有国有性质，所以与政府的行动吻合度较高，而且也能比较快地理解和消化由各级政府制定的相关政策。供热企业改造模式的资金来源主要是靠地方政府补贴、自身企业投资、居民个人投入以及国际合作项目赠款等。该模式主要改造内容为外墙及屋面保温改造、分户热计量改造、供热热源改造等，有些项目还涉及室内环境的改造。总的来说，供热企业主导既有建筑节能改造工作应该是具有很大的积极性的。由于目前热源热量紧张，供热企业可以通过既有建筑节能改造降低单位面积热指标，减少单位面积供热成本，从而间接增加供热面积，实现供热收入的提高。但是在提高收益的同时，供热企业也应该站在居民的角度考虑问题，通过多种形式切实降低居民热费的支出。

第二种，节能服务公司改造模式。目前，中国的既有建筑节能改造市场化水平比较低，已经完成的建筑节能改造项目基本上都是靠政府来推动。但是面对接下来巨大的既有建筑节能改造任务，政府也无法轻松完成。

合同能源管理（EMC-Energy Management Contract）是一种新型的市场化节能机制，其实质就是以减少的能源费用来支付节能项目改造和运行成本的节能投资方式。在该运行模式下，用户可以用未来的节能收益来抵偿前期的改造成本。通过合同能源管理机制，不仅可以实现建筑能耗和成本的降低，而且可以使房产升值，同时规避风险。

合同能源管理机制作为解决能耗问题的有效办法很快地被运用在既有建筑节能改造工作上来。节能服务公司是合同能源管理机制的核心部分和运行载体，是既有建筑节能改造市场化过程中不可缺少的核心主体，所以节能服务公司改造模式很快被建筑节能改造市场挖掘出来。

节能服务公司改造模式就是围绕合同能源管理机制开展的一种高效合理的改造模式。在该模式下，节能服务公司成为建筑节能改造的核心推动力量，并且在建筑的改造全过程中都起到了重要的作用，主要的服务内容包括建筑前期能耗分析、节能项目的融资、设备和材料的采购、技术人员的培训、改造完成后的节能量检测与验证等。目前，为了更好地适应既有建筑节能改造市场化的开展，围绕节能服务公司开展的节能改造又可分为以下具体模式普通工程总包模式、节能量保证模式、改造后节能效益分享模式和能源费用托管模式等。

第三种，国际合作项目改造模式。为了更好地在中国推行既有建筑节能改造工作，各级政府积极探索新的改造模式，其中融合国际力量进行建筑节能改造是比较有创新性的方式，也是中国开展既有建筑节能改造试点工程中运用的典型模式。首先，以国际组织或国家合作的方式开展既有建筑节能改造工作为中国提供了大量的管理、技术经验；其次，该模式也为解决节能改造的融资问题带来了有益的尝试；最后，发达国家和企业通过改造项目获得经济收益的同时，也可以参与清洁发展机制项目（CDM）获得既有建筑节能改造的全部或者部分经审核的减排量，进而减小本国节能减排义务的压力。从上述内容可知，以国际合作的改造模式进行既有建筑节能改造属于“双赢”工程，该模式对于中国整个既有建筑的节能改造工作的发展也是必不可少的。

第四种，单一产权主体改造模式。在中国，单一产权主体主要包括政府部门、企事业单位等，产权单位主动投资既有建筑节能改造，通过改造可以降低能源费用的支出，并且提高建筑的功能性和舒适性。

政府部门和事业单位的改造资金主要来自财政预拨款，所以随着建筑能耗的降低，财政预算也减少，节能改造的收益无法保留。所以除了国家强制性规定，此类单位建筑节能改造积极性不高。然而商场、星级酒店等企业单位属于建筑能耗的大户，并且属于自负盈亏的财务模式，所以这类单位具有较强的节能意识，也属于中国单一产权改造模式的重要主体。

第五种，居民自发改造模式。目前，中国待改造的既有居住建筑面积占总建筑面积较大比例，仅靠政府主导推动既有建筑节能改造已经不能满足所有人的意愿，所以有些地区出现了居民自发进行建筑节能改造的情况。该模式为居民个人行为，也有些居民会在同一栋楼的各楼层间进行沟通协商，统一施工，形成具有一定规模的改造，从而缩短施工周期、降低改造成本。进行自发节能改造的居民基本都是由于室内舒适性差，尤其对冬季供暖温度不满意，所以改造的内容主要都是针对建筑的围护结构，即进行外墙保温改造和窗体改造等。该模式的主要优点是改造规模小、工期短、成本低。由于施工任务主要由无资质的私人队伍承担，改造内容以及方法依赖于施工队伍的经验，材料质量也无严格把关，导致改造质量无法保证。而且目前在该模式下居民基本是费用自付，所以改造风险比较大。

目前，居民自发地进行既有建筑节能改造的案例比较少，主要还是因为居民自身所能投入的改造资金有限，而且居民们也很难形成相对统一的改造意见，同时所能承担的改造风险也比较小，所以无法进行大规模、多方面的节能改造。在该模式下，居民也无法承担建筑供热计量的节能改造费用，节能效果只有室内环境的改善，无法享受节能带来的热费减少。

（二）表现层

在描述既有建筑节能改造系统的表现层时，主要分为目的、行为、功能三个方面进行探讨。目的是系统存在的理由，描述各种系统时离不开目的的概念，而且系统的目的性不仅与系统本身有关，还受到外界环境的影响。系统的行为是指在主客观因素的影响下表现出来的外部活动，不同种类的系统具有不同行为表现，相同的系统在不同的情况下表现的行为也可能不同。任何系统的行为都会对周围环境产生影响，但是功能是系统对某些对象或者整个环境本身产生的有利作用或者贡献。

（三）环境层

系统的环境就是指围绕着系统本身并对其产生某些影响的所有外界事物的总和。也就是与系统组成元素发生相互影响、相互作用而又不属于这个系统的所有事物的总和。但是，对于开放系统而言，明确清晰的系统边界是无法找到的，这就导致系统中的元素、信息、能量与环境产生跨越边界的交换现象。开放系统的边界并不是真实的物理界面，大部分是名义界面或假象界面。从另一个角度而言，不同的研究人员或研究目的对于相同的系统都可能有不同的环境定义。

环境可以决定系统的整体涌现性，即在一定的环境下，系统只有涌现出一定的特性才能与环境相适应，换句话说，就是在不同的环境下，为了更好地生存或者发展下去，系统所被激发的整体涌现性是不同的。对于既有建筑节能改造工作这个整体系统而言，环境的重要影响也是不言而喻的。

三、既有建筑节能改造措施

（一）不同地区的建筑节能改造技术应用

适宜技术理论中的因地、因时制宜思想十分可贵，具有十分重要的借鉴价值和指导意义。建筑节能不仅是技术问题，还综合了环境、经济、能源、文化等多方面的因素，更是经济问题和环境问题。因此建筑节能的推广，应以节能技术为基础，以合理的经济投入为手段，兼顾降低技术应用对环境造成的影响，选择适宜的建筑节能技术。

在进行决策时，必须首先考虑技术的“适应性”。所谓适应性包含很多因子，如人员装备的先进性、气候的适宜性、当地经济能够承担的程度、设施对当期气候耐候性等。如果经济条件不允许或者气候条件不适合，改造工程的投入就会完全打了水漂而无法产生应有的收益。中国气候水平差异极大，北方地区冬季严寒，中部地区夏热冬冷，而南方地区夏热冬暖；经济水平也是南方经济发展良好，而中西部经济总体发展水平低于南部沿海城市，不能一概而论。

目前中国的夏热冬冷地区涉及包括上海、江苏、浙江、安徽、福建、江西、湖北、湖南、重庆、四川、贵州省（市）等14个省（直辖市）的部分地区。对于上海、江苏、浙江等经济发达地区，能够提供更多的资金应用于建筑节能改造。

而在经济相对薄弱的江西、四川、贵州等省份，相应的经济发展水平较低。以维护结构来说，由于其是建筑物内部与室外进行热交换的直接媒介，对维护结构进行节能改造是提高建筑节能功效的核心之一。复合墙体技术自诞生以来到现阶段已经相对成熟，比较容易有效提高建筑的热工性能。目前存在的复合墙体保温法包括外保温、内保温、夹芯保温等三种形式。根据地区的经济发展水平和气候条件可以选择最为合适的墙体保温方式。使用价廉物美的新型节能材料可以有效减少建筑能耗，美国研究者通过外墙保温与饰面系统提高墙体的热阻值，此外加强密封性以减少空气进入，房屋的气密性约提高了55%；而建筑保温绝热系统利用聚苯乙烯泡沫或聚氨酯泡沫夹心层填充板材，不但保温效果非常良好，由于其材料的特殊性也能获得较好的建筑强度，材料非常便宜易造，不会增加大量成本；隔热水泥模板外墙系统技术通过将废物循环利用，把聚苯乙烯泡沫塑料和水泥类材料制成模板并运用于墙体施工。此模板材料坚固易于养护且不具有导燃性，防火性能亦比较出色，故利用此种模板制作的混凝土墙体比传统木板或钢板搭建的墙体强度高出50%，并且具有防火和耐久的特点。

门窗起到空气通风以及人员进出的重要作用，所占的面积比例相较于墙壁来说十分微小。由于其独特作用，门窗的气密性不高，也受到强度、质量等因素的限制。因此保温节能技术处理不同于墙壁和屋面，难度较大。根据研究统计，一般门窗的热损失占全部热损失的40%，包括传热损失和气流交换热损失。现阶段最常用的双层玻璃节能效果较好，在中空的内芯充入氦气，不过相对成本较高。玻璃贴膜是一种较为经济方便的做法，通过贴上Low-E膜，能够反射更多的太阳射线使其不进入屋内。不仅如此，气密性的好坏也会影响门窗的整体性能，现阶段提高气密性较为容易的方法就是在门窗周边镶嵌橡胶或者软性密封条，防止空气对流导致的热交换。门的改造方式一般有加强门缝与门框缝隙的气密性，在门芯内填充玻璃棉板、岩棉板增加阻热性能等。注意，这些材料必须通过消防防火的检验。

建筑屋面节能措施。屋面是建筑物与外界进行热交换的重要场所之一，特别是贴近顶楼的使用者会受到很大影响，为了达到良好的保温效果，选材时须注意选用导热小、蓄热大、容重小的材料；注意保温材料层、防水层。刚性表面的顺序，特别在极端气候地区更要注意；选用吸水率小的材料，并在屋面设置排气孔，保持保温材料与外界的隔绝性。通过攀岩植物，例如爬山虎在外立面上覆盖绿色植被，也是一种绿色环保的方法。缺点是容易生虫，给室内人们的居住带来一定不便。屋面施工容易损坏防水层，一般不宜进行大改，节能改造应该以局部改观为主。改造过程先修补防水层，然后在防水层上部进行节能材料的铺设。现阶段采用加气混凝土作为保温层，根据前文介绍，保温层厚度通过当地气候条件以及房屋使用寿命和结构安全设定，最后在施工末期注意做好防水工艺。此种做法不会破坏原有屋面而且造价低廉，便于施工和维修。

绿色建筑用能研究。在新能源运用方面，各种干净绿色且取之不尽的资源为人们提供了新的能量来源，如风能、太阳能、水能、地热能、沼气能等，在经济发展弱势的偏远地区非常实用。以风能与太阳能发电系统为例，太阳能电池白天发电并入当地电网将能量储存，晚上为人们提供用电需要，而且日常不需要投入太多精力用于运营维护；风能发电可以建在偏远山区或者高原地带，由于风能发电会产生一种影响人们生活的低频噪声，因此不适合在大城市使用；利用海风也是一种较为合理的能源运用方式：当大风来袭，人们可以将自然界的风能转变成可以利用的资源，只要有风就能一天24小时不间断发电，发电效率较高；而地热能源也属于一种绿色环保的资源，从古代开始，人们就认识到温泉的可利用性，现代社会不但可利用高温地热能发电或者为人类用于采暖做饭，还可借助地源热泵和地道风系统利用低温地热能。现阶段的农村能源实用技术主要有以沼气为纽带的“一池三改”（沼气池配套改圈、改厕、改厨）和北方农村能源生态模式四位一体、高效预制组装架空炕连灶吊炕、被动式太阳能采暖房、太阳能热水器、生物质气化集中供气工程秸秆气化工程和大中型畜禽养殖场能源环境工程大中型沼气工程等。

（二）既有建筑外墙外保温系统构造和技术优化

外墙外保温节能改造技术有一个十分明显的优势，几乎不影响室内人员的日常工作生活。因为大部分施工任务都是在外墙展开，也不会破坏室内原有的布局，除了可能产生一些噪声及安全方面的不便外，屋内人员仍可以正常工作生活。同外墙内保温方式相比，外保温的热工性能较为突出，原因在于保温材料彼此搭接完整，降低了热桥现象，此外由于墙壁可以保持温度，不会产生结露的现象。因此整个建筑的结构就会处在相同温度中，不会受到室内外温差的影响。而早晨的室内外温差热胀冷缩应力变化会给结构增加更多压力，减少建筑物的使用寿命。因此外墙外保温相当于为建筑穿上一件“外衣”，可以增加建筑的寿命。

1. EPS板薄抹灰外墙外保温系统

EPS板薄抹灰外墙外保温系统最内层为保温层施工的基层，通过在EPS保温板上涂抹黏胶剂将保温板粘在墙面的基层上，保温层施工完毕后覆盖上玻纤网增加薄抹灰层的强度防止开裂，接着就可以在薄抹灰层上涂刷饰面图层，施工简便，效果明显，对屋内人员生活影响很小。EPS抹灰系统因其优越性在西方国家得到大量的运用。

为保证施工质量，提高使用寿命，在对EPS板材施工前需要注意以下几个方面。

（1）粘贴EPS保温板的基层需要仔细清洁，除去泥灰、油渍等污物，以防在施工时因为基层不净使黏接的板材脱落，以便提高板材的黏接强度。

（2）粘贴板材时黏结剂的涂膜面积至少大于整个板材面积的40%，否则会影响其使用寿命和强度。

（3）EPS板应按逐行错缝的方式拼接，不要遗留松动或空鼓板，粘贴需要尽量牢固。

（4）拐角处EPS板通过交错互锁的方式结合。在边角及缝隙处利用钢丝网或者玻璃纤维网增加强度，变形缝处做防水处理以防渗水。门窗洞口四角处采用整块EPS板切割成形，不能使用边角料随意凑数。这些工法都能提高EPS板的黏接强度，有利于整个墙体的保温。

（5）此外还应当注意的是EPS板因为材料特性，刚成型时会有缓慢收缩的过程，聚苯乙烯颗粒在加热膨胀成型后会慢慢收缩，新板材最好放置一段时间再使用。

2. 胶粉EPS颗粒保温浆料外墙外保温系统

胶粉EPS保温系统的结构由基层、界面砂浆、EPS保温浆料、抗裂砂浆面层、玻纤网、饰面层等组成。这种EPS保温砂浆系统可以用于外墙外保温施工而不像传统砂浆只能用于内保温，在施工现场搅拌机中就可制成，经过训练的泥水工便能进行施工，成本相对低廉且工艺简单，没有复杂的工序。对比保温板，保温砂浆的优势在于黏接度和强度较为优秀，且对气候的适应性也高于保温板。缺点在于该系统节能效果比EPS板和XPS板要差，且保温砂浆发挥功效需要一定的厚度，成品质量和工人素质有直接关系，搅拌不均匀、施工涂抹不均匀或偷工减料的情况都可能影响保温效果。

3. 聚氨酯外墙保温技术

聚氨酯（PUF）是最近出现的一种高新材料，被广泛运用于国民生活的各个角落，称为“第五种塑料”。聚氨酯的优势较EPS保温板十分明显，它最大的特点是耐候性较好，不像一般的保温材料没有防水功能，聚氨酯材料具有良好的防潮性，能够阻隔水流渗透。这种材料特别适用于倒置屋面的改造或者是在较为潮湿的气候中使用；其导热系数小于EPS保温材料，在相同的保温效果下，需要的厚度仅有EPS材料的一半，减轻了外墙的负荷，因此它与外墙的胶黏程度也得以增强，提高了材料的强度与抗风压能力；该材料也有防火性能，燃烧时也不会发生一般塑料那样的滴淌现象而是直接碳化，阻止火势蔓延；其还具有保温、防火、隔水等数种功能，使用寿命大于25年，维护便宜方便。此材料具有以上如此之多优点，价格也会高于传统保温材料，初始投资较高，需要慎重考虑。但综合整个使用寿命期考虑，产生效能较高且维护方便，性价比相较普通产品为好。

4. 无机玻化微珠保温技术

无机玻化微珠又被称作膨胀玻化微珠，由一种细小的玻璃质熔岩矿物质组成。这种材料的防火性能十分优秀，矿物质自身的材料特点具有不燃性。该材料施工方法类似于EPS保温砂浆，即将无机玻化微珠保温浆料现场搅拌制作涂抹于基层之上。其保温效果高于传统保温砂浆材料，但是强度不高，由于自身含有颗粒较多，2cm以上就需要玻化网增加强度，否则就会开裂，而且吸水性非常大，最好在制作砂浆时使用渗透型防水剂。

5. 外墙绿化技术

外墙绿化作为建筑节能措施已出现一段时间。古代巴比伦王国著名的空中花园也许是世界最早的外墙绿化植被建筑。中国现代最具特色的外墙绿化建筑当数广东顺德碧桂园新总部的写字楼，整个外墙均设立突出于外墙的花坛，在其中种植了当地较为便宜且外形低矮的树木及花草，每个花坛均设立自动喷淋龙头，可以进行自动浇灌，大大减少了人工维护的难度。此外写字楼还设有自动雨水收集措施，广东地区的降雨较为频繁，通过搜集雨水进行浇灌，也减少了建筑物的使用成本。建筑整体形成一个天然氧吧，为内部工作人员提供新鲜空气，克服了单一的藤本植物爬墙的绿化模式，堪称中国外墙绿化写字楼工程典范。

外墙绿化技术概念的提出已经有一段时间，但是推广程度仍然不高，究其原因就是它的施工较为麻烦。首先，需要在外墙建设花坛，填充种植的基土并且种植相应的树木，保证其成活率，越高的建筑物越难进行外墙绿化施工。其次，现阶段开发商为了缩短工期都会降低建筑的复杂程度，不愿意设计拥有外墙绿化的建筑。再次，外墙绿化最明显的缺点是植物的保养与清洁需要耗费一定人力财力，增加了建筑的使用成本，而一旦管理不善，破败的植物很容易对建筑的美观产生负面影响，浪费投资。

（三）屋面保温隔热改造技术

屋面节能技术种类较为丰富，现阶段较为推广的就是在屋面防水层与基层之间铺设保温层，比较新颖的技术有日本科学家研究的蓄水屋面（在屋面设立蓄水层，利用水的蒸发带走热量，水的来源可以利用雨水的收集）。蓄水技术在中国推广不高，除了技术不被熟知以外，蓄水屋面对屋顶防水要求较高，工艺不过关可能导致屋顶漏水大大影响房屋使用功能。此外还有通风屋面技术，即利用空间形成的自然通风带走屋面热量，效能比前两种较低，所以现在仍然采用施工简单、技术成熟的保温层铺设法。下面介绍几种常见的屋面结构。

1．倒置式屋面

通常情况下屋面的防水层在上，而保温层在下，而倒置式屋面指将两者的位置相互颠倒。倒置式屋面的传热效应比较特殊，先通过保温层减弱屋顶温度的热交换过程，使室外温度对屋面的影响度小于传统保温结构。因此屋面能够积蓄的热量较低，向室内散热也小。

倒置式屋面的大致施工流程为基层清理→节点增强→蓄水试验→防水层检查→保温层铺设→保护层施工→验收。这种工艺的特殊之处在于将保温层放置在防水层之上，保温层直面各种天气，遇到潮湿多雨季节时容易吸收大量的水分发胀。如果不选取吸水较少的材料，在冬天一旦结冰就会胀坏保温材料，严重减少材料的使用寿命。吸水性弱的材料例如聚苯乙烯泡沫板、沥青膨胀珍珠岩等都是较为合理的选择。外面保护层可以使用混凝土、水泥砂浆或者瓦面、卵石等，使屋面保温材料拥有一层“装甲”。

2. 通风屋面

通风屋面适用于夏季炎热多雨的地区。通风屋面能够快速促进水分蒸发而不至于使屋顶泡水发霉。现在中国广大地区都有架空屋面的痕迹，最容易的方法就是在屋顶上搭建一个架空层，除了有遮挡阳光的作用，形成的空间还能加速空气流动，甚至没有建造技术的业主都能自行搭建。经过设计添加的通风屋面主要是将预制水泥板架在屋顶之上形成架空层，遮挡阳光并加速通风。现已实验得知，通风屋面和普通屋面使用相同热阻材料而搭建不同结构，热工性能完全不在同一水平。

3. 平屋面改坡屋面

“平改坡”屋面实际上就是将平行的屋顶改造成为具有一定坡度的屋顶，这种结构有利于屋顶排水且形成的空间在一定程度上有利于房屋的隔热效能。这种屋顶比较美观，选择合适的屋面装饰可以在城市中形成一道靓丽的风景线。缺点是施工相对复杂且会加大屋面结构的受力，如果是旧屋顶“平改坡”就需要特别注意，一定要在保证结构安全的前提下进行改造。现阶段有钢筋混凝土框架结构、实体砌块搭设结构等，用砌块搭建的结构太重，时间长了会使屋面发生形变破坏屋面防水结构甚至影响结构安全，因此尽量选取自重较轻且强度大的结构方式，例如轻钢龙骨结构。一般的轻型装配式钢结构自重非常轻，对结构造成的压力较小，“平改坡”屋面相同于外墙外保温施工工艺，不会对建筑内人员的起居造成影响，价格区间也有较大的选择余地，预算不高可以选择最便宜的施工方法。

轻钢屋架施工方法指在原有屋面外墙的圈梁上打孔植筋，在此基础上浇筑一圈钢筋混凝土圈梁，两部分圈梁通过植筋连接为一体，新增加圈梁作为屋顶轻型钢架的支座。

4. 屋顶绿化

屋顶绿化作为新型的建筑节能改造技术，适合在降雨充沛的地区广泛推广。为了不增加屋顶的负荷，适宜采用人工基质取代天然土，将轻质模块化容器加以组合承担种植任务。屋顶绿化不需要大量人工维护，相比较外墙绿化措施较为简便且功效明显，可增加城市的绿化面积。

现在已经针对屋面绿化开发出的一次成坪技术和容器式模板技术成为热门，但将种植植被的容器减重有利于屋面结构的稳定。通过 PVC 无毒塑料制成的容器模块，集排水、渗透、隔离等功能为一体。在苗圃培养园区用复合基层培育植物，等到苗圃长到一定程度就可以直接安装使用，完成屋顶整体绿化。这种技术具有屋顶现场施工方便、快捷便于维护的优点，枯萎植物只需要拿走容器更换新的即可。而且不会伤害屋顶保温、防水层面，不会对保温防水功能产生不利影响，从空中往下看可以看到非常美丽的“草坪”，有利于城市空气的净化。这种技术对于降水丰富的城市比较合适，植被可以在自然条件下良好生长而不需要耗费精力维护。国内研究人员经过试验表明，绿化屋顶的植被显著吸收了一部分太阳射线，并对屋顶实施了“绿色保护”。屋顶的积累温度小于没有附加绿化的普通屋顶，阻止热量向室内的扩散。屋顶绿化的缺点在于维护相对麻烦，植物需要专人的照料，基本只适用于平屋顶，不适用于气候干燥少雨或者层高过高、屋顶面积狭窄的建筑。

（四）建筑外窗的节能改造技术

建筑外窗也是节能改造的重点之一。建筑围护结构中，窗户的传热和透气性都要高于一般墙壁，直接影响着建筑室内外的热交换，当然也决定建筑的全年能耗。窗户的优化节能改造的入手点即从构建的节能优化。在具体措施上可包括以下几个部分。

1．将普通玻璃窗更换成节能玻璃窗

现阶段居民及公共建筑的外窗采用的大部分是普通玻璃，对太阳射线起不到阻隔作用，而且相应的气密性和热工性能也比较低下，室内热量很容易通过外窗进行热交换。因此比较合适的节能改造方式就是更换节能玻璃。现阶段最为推广的技术在于使用中空玻璃或者贴膜玻璃。中空玻璃的热工性能非常好，在双层玻璃中间间隔一层空气层（有时充入氮气），窗框与玻璃结合处有橡胶条封堵，能够有效地阻隔室内外热量的交换。贴膜玻璃指的是在玻璃窗上贴上一层 Low-E 薄膜，此膜能够有效反射太阳射线中的中远红外线，大大降低热辐射对房内温度的影响，而且能够使可见光顺利通入室内，不会对照明产生影响，夏季房内不会过热，冬季不会结霜。它对紫外线的反射功效能够阻止其对室内家具的伤害，防止褪色。Low-E 中空玻璃能够将热工性能和热辐射反射功能良好地结合，提高房屋的保温效能。缺点在于造价成本远高于普通玻璃，需要选择性运用。

2．在原有外窗的基础上进行改造

最常见的做法是在窗框周围加装密封条增强气密性，防止热交换。不过带来的效果也非常有限，优点是成本极低，十分方便。增强气密性的方法有安装橡胶密封条或者打胶，另一种方法是直接在原有玻璃上贴膜，增加对热辐射的反射功能，阻止房间温度的上升。此方法对于夏季光照强烈的地区十分有效。

（五）建筑遮阳设施节能改造技术优化

在窗户周边增加遮阳板是一种相当容易并且有效的节能方案。遮阳板较为美观且安装容易，不但能够起到遮挡阳光的作用，还能够起到遮风挡雨的功效。遮阳板适合家庭安装，成本低，不需要维护。

板式遮阳安装于窗户周边，用于遮挡从不同方向射来的阳光。板式遮阳有普通水平式、折叠水平式、与百叶窗结合式以及百叶板式等，种类花样繁多，均可以起到较好的功效。遮阳板的设置主要根据阳光的入射角进行安装，例如南边朝向的房间就可以将遮阳板安装于窗户之上，能够遮挡从上方摄入的光线。现阶段比较先进的遮阳板可以利用结合部的铰链随时调整遮挡方向，非常方便。

遮阳板经过构思精巧的设计，甚至能够成为建筑物上别出心裁的亮点，例如，遮阳板通过不同方向的设置，保证了遮阳效果的发挥。为了合理控制入光量，甚至可以通过在遮阳板上钻孔的方式让合理的日光射入房间而不会影响整体采光。除了直接运用板式遮阳以外还可以设置百叶窗的效果，百叶窗的窗页纤细轻柔，看上去比遮阳板更加美观。如果需要不会破坏整个建筑的外立面，也适合家庭或办公室采用。蓬式遮阳类似于板式遮阳，不过造型更为多变且美观。蓬式遮阳采取在龙骨外围蒙设骨架的结构，可以收放自如，价格也十分便宜。

但是，大部分蓬式遮阳因为其本身的材料原因导致使用寿命不长，一般在几年之后就会破损毁坏，因此不适合在大型公共场所使用。

参考文献

[1] 张甡. 绿色建筑工程施工技术［M］. 长春：吉林科学技术出版社，2020.
[2] 强万明. 超低能耗绿色建筑技术［M］. 北京：中国建材工业出版社，2020.
[3] 郭啸晨. 绿色建筑装饰材料的选取与应用［M］. 武汉：华中科技大学出版社，2020.
[4] 杨承惁，陈浩. 绿色建筑施工与管理［M］. 北京：中国建材工业出版社，2020.
[5] 郭颜凤，池启贵. 绿色建筑技术与工程应用［M］. 西安：西北工业大学出版社，2020.
[6] 张东明. 绿色建筑施工技术与管理研究［M］. 哈尔滨：哈尔滨地图出版社，2020.
[7] 贾小盼. 绿色建筑工程与智能技术应用［M］. 长春：吉林科学技术出版社，2020.
[8] 宋娟，贺龙喜，杨明柱. 基于 BIM 技术的绿色建筑施工新方法研究［M］. 长春：吉林科学技术出版社，2019.
[9] 华洁，衣韶辉，王忠良. 绿色建筑与绿色施工研究［M］. 延吉：延边大学出版社，2019.
[10] 王新武，孙犁，李凤霞. 建筑工程概论［M］. 武汉：武汉理工大学出版社，2019.
[11] 章峰，卢浩亮. 基于绿色视角的建筑施工与成本管理［M］. 北京：北京工业大学出版社，2019.
[12] 王庆刚，姬栋宇. 建筑工程安全管理［M］. 北京：科学技术文献出版社，2018.
[13] 张争强，肖红飞，田云丽. 建筑工程安全管理［M］. 天津：天津科学技术出版社，2018.
[14] 胡戈，王贵宝，杨晶. 建筑工程安全管理［M］. 北京：北京理工大学出版社，2017.
[15] 曾虹，殷勇. 建筑工程安全管理［M］. 重庆：重庆大学出版社，2017.
[16] 潘智敏，曹雅娴，白香鸽. 建筑工程设计与项目管理［M］. 长春：吉林科学技术出版社，2019.

[17] 王禹，高明．新时期绿色建筑理念与其实践应用研究［M］．中国原子能出版社，2019.

[18] 陆总兵．建筑工程项目管理的创新与优化研究［M］．天津：天津科学技术出版社，2019.

[19] 李继业，蔺菊玲，李明雷．绿色建筑节能工程技术丛书·绿色建筑节能工程施工［M］．北京：化学工业出版社，2018.

[20] 姚建顺，毛建光，王云江．绿色建筑［M］．北京：中国建材工业出版社，2018.

[21] 沈艳忱，梅宇靖．绿色建筑施工管理与应用［M］．长春：吉林科学技术出版社，2018.

[22] 张永平，张朝春．建筑与装饰施工工艺［M］．北京：北京理工大学出版社，2018.

[23] 蔡军兴，王宗昌，崔武文．建设工程施工技术与质量控制［M］．北京：中国建材工业出版社，2018.

[24] 熊付刚，陈伟，王伟震．装配式建筑工程安全监督管理体系［M］．武汉：武汉理工大学出版社，2019.

[25] 马亮，孙红军，张勇．建筑工程安全管理［M］．长春：吉林出版集团股份有限公司，2019.

[26] 杨建华．建筑工程安全管理［M］．北京：机械工业出版社，2019.

[27] 殷勇．建筑工程质量与安全管理［M］．西安：西安交通大学出版社，2019.

[28] 王胜．建筑工程质量与安全管理［M］．武汉：华中科技大学出版社，2019.

[29] 徐勇戈．建筑工程质量与安全生产管理［M］．北京：机械工业出版社，2019.

[30] 刘尊明，霍文婵，朱锋．建筑施工安全技术与管理［M］．北京：北京理工大学出版社．2019.

